# 中国古典园林与现代转译十五讲

田朝阳 等著

中国建筑工业出版社

# 自序

## 书名

关于书名，笔者纠结了很长时间，起初定名《中国古典园林及现代转译的理论与方法》，颇有理论专著的大家风范，但觉得有点脱离主要读者——学生（研究生和本科生），使他们敬而远之。最后决定以董豫赣老师的《现当代建筑十五讲》一书为模板，取名《中国古典园林与现代转译十五讲》。虽然此名有点像讲稿，不够霸气，但成书过程及读者对象颇似董豫赣老师的《现当代建筑十五讲》，更加真实，也符合作者与读者的身份——教师与学生。

## 源起

笔者林学本科1983年毕业，植物学硕士1987年毕业，此后一直从事植物学的教研。阴差阳错，自2009年开始讲授建筑学和园林的有关课程。于是，开始自学。阅遍园林本科教材和文献，竟找不到一张中国传统园林的模式图（模式图是植物学专业的基本表达方法）。不知如何传授给学生，只好"瞎讲"。至于学生呢，只好"瞎画"。难道中国园林真的有法无式，只可意会不可言传？2012年，看到了林菁老师翻译的《世界园林史》，著者Tom Turner将西方历史上所有流派、风格模式化，画出了28种模式图，颇受启发，于是我立志要画出中国园林的模式图。

## 意义

世界上有不同的园林体系，源自不同的文化、民族、地域。因此，园林是一种文化现象，是民族身份的表达，更是国土身份的象征。

中国传统园林本来可以自由自在地发展与传承下去，但是，自1840年鸦片战争以后，西方的各类文化艺术随着坚船利炮强势进入中国，导致中国文化艺术的沦陷，园林也难以幸免。尤其是20世纪90年代以来，随着大批留学西方的学子归来、西方设计公司介入中国景观建设，以及大量西方园林著作的翻译，西方的造园理论、方法、作品、教学体系进入中国高校，导致整个专业领域的全面西化。同时，中国本土的造园理论研究还停留在“有法无式”、“只可意会不可言传”的阶段。于是学生课堂上学习的是西方完整的造园理论，现实参观实习的却是中国古典园林。这好比用西洋拳击的章法去教授太极拳，结果就是折中主义横行，而且美其名曰——混合式园林。

## 目的

在中华民族经济崛起的当今，文化复兴已迫在眉睫。“一个不能输出文化的民族不是一个强大的民族”，中国传统园林艺术是中华民族文化的集中表现，它代表了自己独特的自然观、人生观、价值观、世界观，因此，必须传承。然而，传承不是仿古，仿古等于造假；传承是现代转译。

## 问题

关于中国传统园林，有童明在董豫赣、葛明、童明编写的《园林与建筑》一书中，提出却没有给出答案的著名的“园林十问”。其实，问题远不止这些。中国传统园林要实现现代转译，就必须解决以下系列基本理论问题；否则，传承只能是一句空话。

系列一：为何要传承传统园林？其现代意义如何？是否具有现代性？如何传承？传承什么，是空间特质，还是表象符号？

系列二：中国传统园林的空间特质是什么？有哪些独特表现？中国传统园林为何不画平面图？

**系列三**：西方古典园林的基本几何学和透视学基础是欧式几何和定点透视，中国传统园林有无自己的几何学和透视学基础？其背后是否隐藏着不同的自然观？

**系列四**：中国传统园林的设计原理是什么？能否模式化？空间单元模式、空间结构模式、空间构图模式、空间手法模式、空间界面模式如何？模式能否图示化？

**系列五**：什么是小中见大？什么是步移景异？什么是眼前有画？什么是入画和如画？能否图示化？

如此问题多多，教材中没有答案或没有精准的答案。近年来，学术界出现了一批全新的研究成果，本书作者试图结合本人的研究，回答上述基本理论问题。

### 写作特点

本书有两大写作特点。

第一，对比法。本书在写作上采用中西对比的方式，因为没有对比就没有鉴别。

第二，图示法。本书试图将所有原理模式化、图示化，以便于学习和操作。

### 模式辨析

最近，傅凡、顾凯、周宏俊、郭明友、王劲韬、段建强、毛华松7位中青年学者在2017年《西部人居环境学刊》第二期华山论剑，对中国传统园林的“有法无式”进行了专题讨论。“有法无式”的本意是“有成法无定式”，即式有多变，不拘一格。这也是本书将传统园林模式化的基本理论基础。比如，“一池三岛”的结构模式，既没有规定岛的位置，也没有规定岛的高度，甚至岛的数量也可以增减。其他模式如复合形结构单元模式、空间构图模式、空间手法模式等，也需要“因”、“借”变化，不可生搬硬套。

## 知识背景

本书的思想多来自于建筑界，大量建筑理论方面的书籍，尤其是建筑界“园林四君子”——王澍、董豫赣、童明、葛明的影响最为直接，还有张永和、冯仕达、赵辰、李兴钢、金秋野、王欣老师等中青年专家学者，以及童寯、陈从周、冯纪忠、朱光亚等一大批建筑界从事中国园林研究的前辈学者。园林界王绍增先生的研究成果对本书的切入点产生了启蒙的影响；孙筱祥先生、孟兆祯院士及其博士生团队、金柏苓先生以及王向荣、朱建宁、李雄、俞昌斌、金云峰等老师的文章和作品对本书产生了深刻的影响；傅凡、周宏俊、顾凯等老师的最新研究成果给予作者极大的创新思路。上述前辈和同仁的影响体现在各章节的参考文献中。在此，衷心感谢他们。

## 内容结构

本书共有十五讲、十八节，基本分为现代意义、设计原理、空间模式、造景手法和作品分析五个板块。

## 致谢

本书是笔者近几年作为导师与青年教师一起指导研究生（风景园林、城乡规划、建筑学专业）的研究成果。除个别章节外，书中各部分均发表在不同刊物上。特别是《中国园林》、《风景园林》等杂志，由于杂志主编们的鞭策、鼓励和支持，使笔者的一些重要思想得以刊出，增加了笔者对研究方向和思路的自信。在此，对他们致以衷心的感谢，并以此书的出版告慰曾经给予笔者最多鼓励与指导的王绍增先生。

对于缺乏中国古典园林理论基础的农林院校的研究生，介入此类研究，付出了很多很多。特别是刘路祥同学，最后将所有发表过的文章及高精图片统一整理，付出了极大的心血。还有赵天一同学，毕业工作后抽时间，将自己的硕士论文重新整理修订，花费了大量的时间。在此，对他们表示衷心的感谢。

衷心感谢河南农业大学林学院和园林系的各位领导、同事们，他们对笔者的教学、科研等工作提供了很多的帮助。

最后，感谢我的夫人和女儿，她们在生活上、时间上、心理上给予我极大的理解、帮助和激励。

由于笔者半路出家，在理论探索的道路上无知却无畏，书中各种谬误在所难免，恳请同仁批评指正。只要本书能起到抛砖引玉的作用，本人也就别无他求了。

**注释**

本书书名采用了“中国古典园林”一词，内文有时采用了“中国传统园林”一词，主要是便于与西方古典园林的比较，内涵并无差异。

田朝阳<br>2017年7月24日，于陋室

# 目录


第一讲　中国当代园林设计及教学的窘境 / 011

一、中西方园林历史中的折中主义现象反思 / 011

第二讲　西方传统与现代设计理论和方法的反思 / 021

二、西方传统与现代设计理论和方法的反思 / 021

第三讲　中国古典园林的现代意义 / 031

三、中国古典园林现代意义的再认知——就“中国古典园林的现代意义”一文若干观点与朱建宁教授商榷 / 031

第四讲　中西方古典园林的几何形式、透视方法与哲学基础比较 / 045

四、中西方园林几何形式、透视法与自然的认知观比较分析 / 045

第五讲　中国古典园林及园林建筑的现代性 / 055

五、现代园林的中国芯——基于现代园林六项原则的中西方古典园林比较分析 / 055

六、现代建筑的中国芯——基于现代建筑七项原则的中西方古典园林建筑比较分析 / 064

第六讲　中国古典园林的独特现象——偏倚视景 / 075

七、中国古典园林中的偏倚视景现象及原理 / 075

第七讲　中国古典园林设计为何不画平面图 / 087

八、平面的坍塌——中国古典园林设计为何不画平面图 / 087

第八讲　中西方古典园林的线、形及空间单元模式 / 099

九、基于线、形分析的中西方园林空间解读 / 099

第九讲　中西方古典园林神话与宗教的空间结构模式 / 109

十、中西方古典园林的空间结构模式 / 109

第十讲　中国古典园林步移景异的空间构图模式 / 121

十一、中国古典园林步移景异的五种空间构图模式 / 121

第十一讲　中国古典园林小中见大的空间手法模式 / 131

十二、中国古典园林非透视效果与小中见大的空间手法、原理及现代意义 / 131

十三、王向荣教授展园作品中小中见大手法的分析 / 142

十四、董豫赣红砖美术馆中"小中见大"的空间手法分析 / 153

第十二讲　中国古典园林眼前有画的空间界面模式 / 165

十五、从眼前有景到眼前有画——"造园三境界"之"眼前有景"的再认知 / 165

第十三讲　中国古典园林建筑如画与入画的空间布局模式 / 175

十六、如画与入画——中西方古典园林建筑的位置经营比较研究 / 175

第十四讲　中国古典园林现代转译的理论与方法 / 183

十七、中国古典园林应该如此的观法 / 183

第十五讲　中国古典园林现代转译的作品分析 / 195

十八、中国古典园林设计手法在商丘夏邑公园规划设计中的应用分析 / 195

后记 / 215

# 第一讲
# 中国当代园林设计及教学的窘境

## 一、中西方园林历史中的折中主义现象反思

（原文载于《中国园林》，2017年第11期，作者：王献，王晓炎，田朝阳）

**本节要义**：中西方园林在其各自的发展历程中都出现了折中主义现象，折中主义园林在中国持续发酵，并未引起足够的关注。本文通过对中西方折中主义园林的发展历程进行总结和对比分析，提出中国的折中主义园林产生的原因是对风景园林的发展历史、发展趋势以及综合意义缺乏完整、清晰、全面的认识。园林中的折中主义是一种对本民族园林文化不够自信的表现，不利于中国园林的现代转型。因此，发展中国本土特色的现代园林必须一分为二地对待折中主义。

**关键词**：折中主义园林；中国园林；民族文化

“折中主义”一词起源于希腊语eklektikos，意为“去选择或挑选”。在古希腊，折中主义者主要是那些从各种源泉中选取最好的思想并进行综合的哲学家[1]。19世纪上半叶至20世纪初，在建筑领域出现了折中主义风格，即任意选择与模仿历史上的各种建筑风格，自由组合各种建筑形式，故又称“集仿主义”[2]；没有固定的风格，语言混杂。同样，折中主义席卷了整个西方的19世纪园林。

历史上西方国家在各自的园林转型、过渡时期出现了折中主义现象，而目前中国园林在追随西方风格与延续民族传统之间摇摆不定，导致了折中主义在设计作品甚至是在考研快题设计中屡见不鲜，呈现出一种自信的缺失与精神的迷茫。

## 1 西方园林的折中主义

### 1.1 折中主义园林在英国

17世纪前，英国没有自己民族风格的园林[3]，先后模仿意大利的台地园、法国园林和中国园林。到18世纪，创造出真正属于英国的园林形式——自然风景园。随后，折中式园林风格开始出现。斯陀园，将规则式构图与曲线园路结合在一起，并用中轴线统领全园（图1）；布伦海姆花园、霍华德园规则式与自然式风景并存（图2）。

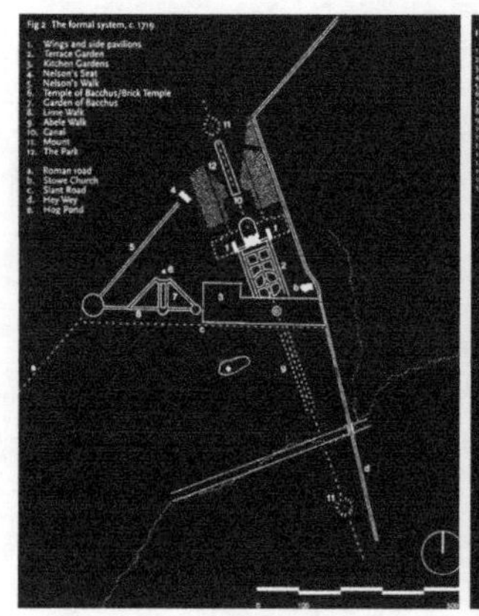

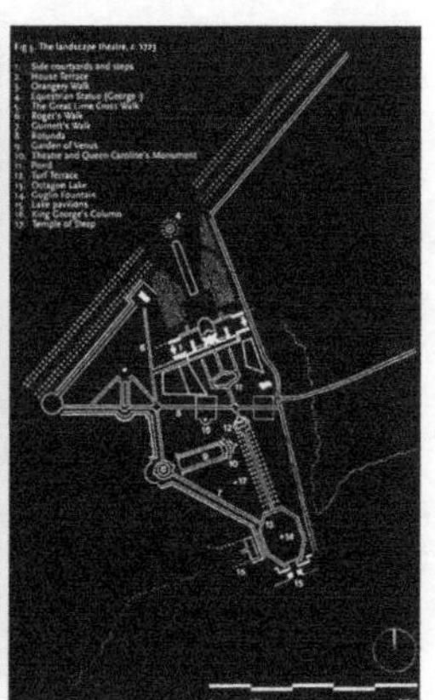

图1 斯陀园改造平面图[4]

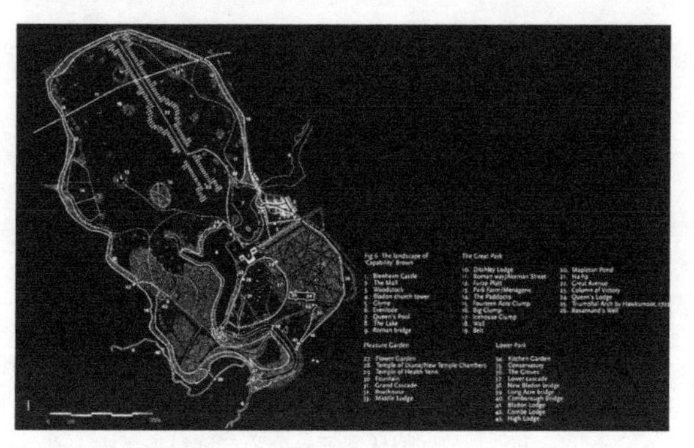

图2 布伦海姆花园平面图[4]

### 1.2 折中主义园林在法国

17世纪前，法国园林受意大利园林的影响。17世纪下半叶，勒诺特式园林出现并成为统率欧洲园林长达一个世纪之久的建造式样[5]。18世纪初期受到英国自然风景园和中国园林的影响，出现了折中式园林。小特里阿农府邸花园包括规则和不规则两部分（图3）。

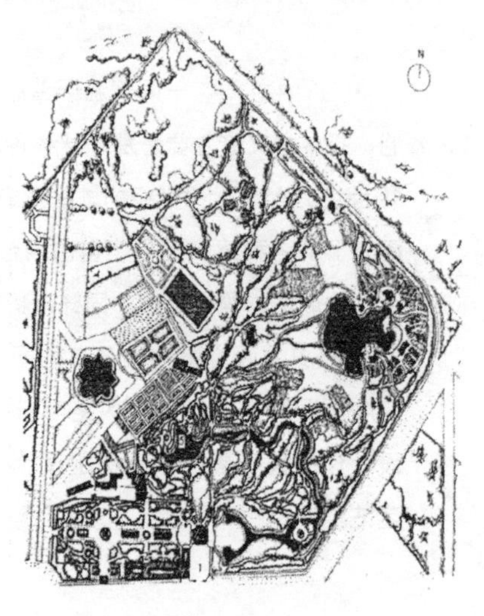

图3 小特里阿农府邸花园[5]

### 1.3 折中主义园林在德国

德国的造园先后受到法国巴洛克园林和英国自然风景园的影响，经典作品什未钦根花园、纽芬堡、威廉山、无忧宫、蒂尔加滕等（图4、图5）带有明显的折中主义痕迹；主要表现为在原有的整体几何式形式下局部自然式的改造。

### 1.4 折中主义园林在俄罗斯

俄国园林也经历了规则式和自然式的过渡和折中。出现了多个附属于规则式宫苑的自然园林，如叶卡捷琳娜园、

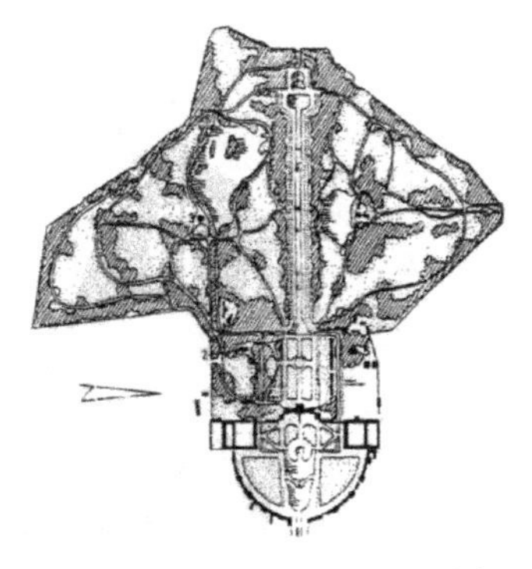

图4　纽芬堡平面图，1860年改建[6]

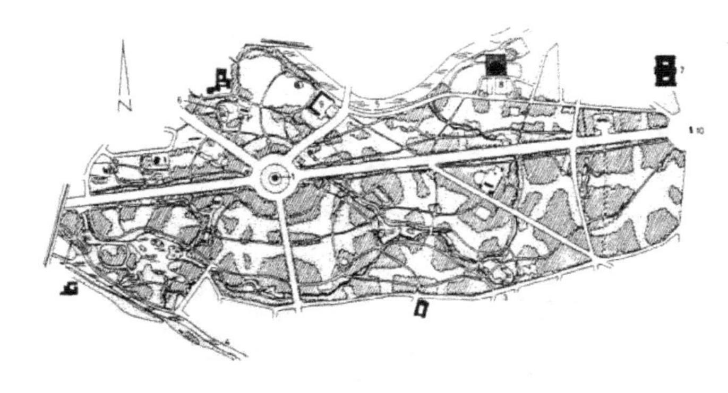

图5　蒂尔加滕平面图，1882年改建[6]

加特契纳、巴甫洛夫园。

历史上，西方规则式与自然式相继出现，但对于二者的争议一直不曾间断，没有定论；出现了在设计上对于形式选择的含混和模糊现象。而1920～1970年的挪威景观，依然是几何式与自然主义并存的二元风格，并一直延续至今[7]。值得一提的是，意大利园林并未受到其他园林风格的影响而独树一帜。

## 2　中国园林中的折中主义

### 2.1　中国的折中主义园林发展历程

中国古典园林作为世界三大造园系统之一，曾以其“师法自然”的造园理念屹立于世界之林，并对西方国家的造园活动产生影响。然而，在其发展过程中也出现了折中主义。如圆明园的西洋楼，虽然是一种猎奇，但也是折中主义的开始。

19世纪中叶到民国初期，英法等国纷纷在租界建造的公园具有浓厚的折中主义园林的气息。如上海的外滩公园、法国公园、极斯菲尔公园，天津的英国公园、皇后公园，以及厦门的租界公园等（图6、图7）。民国时期也涌现了一批学者如陈植、程世抚、章守玉等，多基于我国古典园林进行理论和实践的探索，建造了一些吸收了西方公园理论并具有山水传统的自然式公园。

新中国成立后，公园的设计以延续中国传统的自然山水园为主并适当结合公园功能所需要的形式，比较成功的案例有杭州花港观鱼、北京陶然亭公园、紫竹院公园，广州兰圃等。

改革开放以后，风景园林的全球化在丰富我国园林的同时，也对古典园林产生了冲击。尤其是在20世纪80年代后，西方构成理论等成为国内高校园林设计专业的基础教育科目。同时，大量西方大师的作品、理论被介绍进来，一些国内设计师开始盲目跟风，从“形式借鉴”到“形式抄

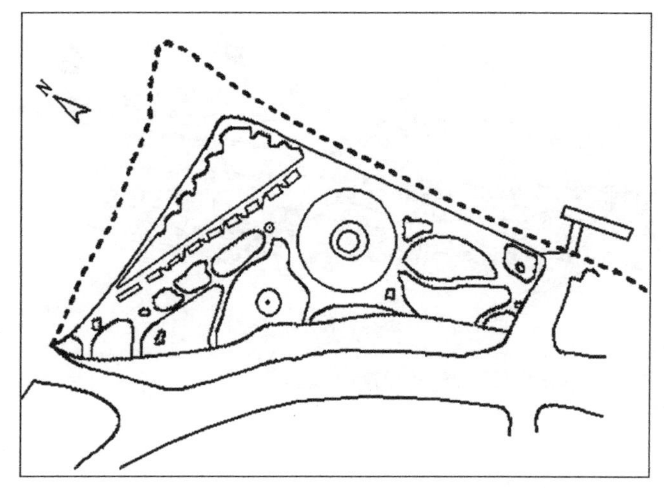


图6 上海外滩公园平面图

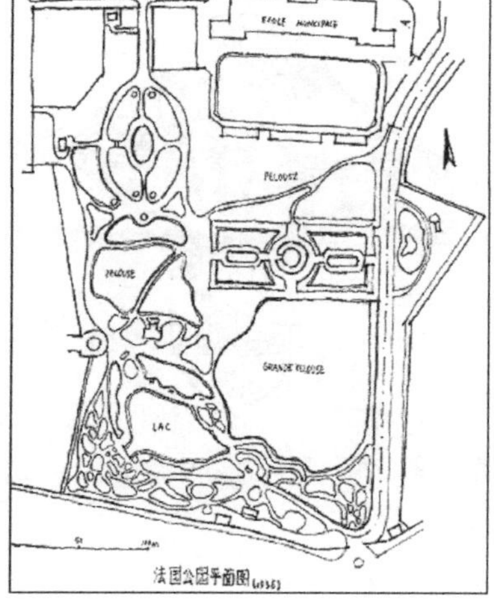


图7 法国公园平面图[8]

图8 凡尔赛宫局部与杭州花圃莳花广场局部对比图[8]

袭”以及各种风格的融合使得许多设计作品呈现出折中主义现象。这种园林的折中主义风格主要表现为局部抽象的几何图形、轴线、规则的模纹花坛与古典园林形式的混杂、拼贴；如杭州花圃整体采用自然式布局，而莳花广场作为其中的一部分则为典型的西方规则式布局（图8）。此外，还有整体对称布局的杭州万向公园和通过轴线控制全园的上海长寿公园、徐家汇公园等。

2.2 快题设计中的折中主义

在风景园林教材中，将自然式与规则式混杂在一起的形式美其名曰“混合式”，给这种不伦不类的形式提供了合理存在的理由，使得混合式抑或是折中式大肆出现。不仅实际建成的项目如此，在风景园林考研的快题设计中甚至设计课的课程作业亦是如此。对于园林专业的学生而言，我们的专业设计课、实习参观的主要是中国古典园林，而基础课（构成课）讲授的是西方的平面几何构成理论[9]。此外，校外的一些快题手绘班以速成为噱头，讲授以西方几何平面构成为基础的快题设计，使学生对于中国园林传统美学的认知方面产生了一定的偏差。笔者曾对所在的河南农业大学近两年的大学生考研快题设计图进行统计，发现在平面图中整体采用几何形构图的比例达50%，而采用规则式与不规则式混杂构图的比例高达75%。平面图十分怪异，风格不明，不伦不类（图9）。为此，北京林业大学等高校在出考研题目时，尽量避免出现规则和平整的场地，增加场地形态的不规则性和地形变化以避免这样的快题设计。

图9 快题设计中的折中主义平面图
（资料来源：河南农业大学考研快题试卷）

## 3 中国折中主义园林原因分析

1840年鸦片战争后，中国一直无法走出西方文化强势压制的窘境。无论是清末的“中西合璧”，还是民国的“中西结合”，都是一种典型的文化折中主义[10]。甚至于到现在，我们还在“西方的规则式”与“中国的自然式”之间举棋不定。中国折中主义园林的出现并非偶然，产生的原因更是耐人寻味、发人深思。

### 3.1 对西方设计方法和自然观的盲目崇拜

以点、线、面为起点，基于欧氏几何的平面构成作为设计教育方法，起源于20世纪的包豪斯。1947年传入日本，1967年传入我国香港，1980年代传入中国大陆高校，中国的设计教育开始全面接受西方教育体系。基于欧氏几何构成理论的设计作品初露端倪，加上传统自然式园林的影响，于是折中主义开始大行其道。

在人们认识自然和改造自然的过程中，自然观决定了对待自然的方法论。西方出于对自然的恐惧、对立，渴望征服自然，同时西方人视自然为上帝的创造物，且从上帝那里获得了驾驭自然、征服自然的权力；由于西方人采用了简化自然的欧氏几何方法论，西方园林被欧氏几何学驯化，纳入一种人工化的规则与秩序之中。然而，自然界并不存在等高线为欧氏几何图形的场地，将场地欧氏几何化，是对自然地形的漠视和破坏；正是这种做法，为推土机铲平自然地形提供了理论依据。

中国人的自然观是天人合一、道法自然，方法论是师法自然、尊重自然、因地造园。花港观鱼公园、紫竹院公园、陶然亭公园、太子湾公园等没有被格式塔的几何图形所统治，更没有统率全园的轴线、对称，依然成为优秀的中国现代特色园林案例。

当然，处于建筑形体影响下的城市空间，室外空间的设计应该考虑与建筑物和构筑物形体的关系，但是大型公园是没有必要这么做的。折中主义看似是两种园林形式、两种设计方法论的杂交，本质上则是两种自然观的混合。在能否秉承中国自然观这个大问题上，妥协、折中，只能是弱者的一种表现。

3.2　对风景园林的发展历史缺乏完整认识

无论是西方还是中国，其园林风格在发展过程中都不可避免地出现了折中主义园林。而西方在经历了折中主义园林这一发展阶段之后，又纷纷对这一阶段的园林进行修正，重新发展本土园林。基于情感的、爱国的及艺术的原因以及民族主义运动的影响[1]，一种新的园林风格——国家主义风格园林出现。法国将“英中式园林”视作比德国军队更容易被驱逐出去的外来侵略者[1]，重新将勒诺特式园林作为国家造园风格。德、荷、英也都受到民族主义风格的影响，开始纷纷背离原有的折中主义风格，发展、壮大具有本国特色的园林。因此，折中主义园林仅仅是一个发展阶段。

3.3　对风景园林的发展趋势缺乏清晰认识

当今世界全球化的过程并不是消解所有历史文明之间的差异，而是要突出不同文明之间的“文化属性”。一个大国的崛起说到底就是文化的崛起。哈佛大学教授张光直曾经预言：人文社会科学的21世纪应该是中国的世纪[11]。中国文明积累了一笔最雄厚的文化本钱，我们有足够丰厚的文化遗产来进行“文化对话”甚至是“文化对抗”直至“文化输出”。1836年，法国人德・缪塞曾对当时在建筑以及园林中盛行的折中主义进行批判：“我们这世纪没有自己的形式。我们既没有把我们的时代留在我们的住宅上，也没有留在我们的花园里，什么地方也没有留下……我们拥有除我们自己的世纪以外的一切世纪的东西……”[12]如果继续任凭折中主义发展下去，那么我们的中国园林很可能就像缪塞所说的“属于我们的形式什么都没有留下”。因此，只有民族的，才是世界的。

### 3.4 对风景园林的文化意义缺乏全面认知

黄继刚曾经提出：“风景具有文化特质，没有单纯的自然风景，只有存在于文化背景中的风景”[13]。段义孚则认为风景以及环境“不仅仅是人的物质来源或者要适应的自然力量，也是安全和快乐的源泉、寄予深厚情感和爱的所在，甚至也是爱国主义、民族主义的重要渊源”[14]。只有通过对本土地域性的风景、风情、风俗遗产的深入挖掘整理才能够建构出属于这个国家真正的民族认同，才能将抽象空泛的民族情感转化为具体形象的个人情感。意大利台地园是意大利山地国土地貌的缩影，法国轴线式平地园林是法国平原国土地貌的象征，英国风景式园林是英国丘陵国土地貌的抽象。因此，园林、风景是一种民族形象或国土身份的反映。

## 4 结语与反思

纵观历史，各个国家通过自然山水对民族主义、民族文化进行构建甚至是捍卫。英法两国在针对“规则式园林与不规则式园林”的争论中，英国人对异国的园林理论进行了猛烈的攻击，这些争论除了针对形式本身之外，真正意义还在于价值观的取向以及民族文化的确立。19世纪内心相当自卑的美国人通过挖掘山川原野的美，建立国家公园，凝聚民族意识。日本学者志贺重昂面对欧化路线，创作《日本风景论》，对欧美以及中国风景进行贬低的同时，盛赞本国风景蕴含“王者之风”[15]，提倡本土文化价值，这也不失为一种提振民族文化自信心的表现。

园林是一种文化，更是国土身份和民族身份的象征。而中国传统自然山水园作为中华文化对人与自然关系理解的外化表征，具有三千余年的历史文化，以其哲思的深邃性、形式的独特性和文化的纯粹性而自立于世界园林之林。如果从生态文明的视角观察，其意义更是远超善于抓住一点就创造理论体系和风格派别的各种西方主义。

我国曾经一度流行用西方的园林价值理论评判中国园林，其中也发生过把中国古典园林几乎视为一无是处的现象。这几年，随着西方现代文化体系的弱点逐渐暴露和中华民族自我意识的再度崛起，中国园林的许多优点在园林界再次获得高度的肯定。在这种情势下，对于一些不能洞悉中西两种文化深层内涵的人，最容易采取的做法就是从抽象的公平出发，汲取双方的“优点”，从而形成折中主义泛滥的状况。

其实中国人最反对极端主义，主张中庸。庸，用也。《中庸》：“君子之中庸也，君子而时中。小人之中庸也，小人而无忌惮也。”也就是说，正确的中庸，是依条件而择之的；无条件的绝对的中庸，是错误的。这就是中庸与折中主义的本质区别。

我国不论政治、经济、文化，都进入了一个新的时期。这个时期要求中国必须在当前这个世界中走出一条自己的可持续发展的道路，而这条道路的文化基础就是民族自信。站在自信的立场上择优吸取其他民族文化的精华，以为我用，才是当前中国文化应有的中庸之道，也就是鲁迅提倡的拿来主义。

折中主义在中国的流行，不得不说是一种民族文化不自信的表现。因此，当前中国园林应当采用“一分为二”的眼光冷静地审视折中主义，提倡继承和发展自己独特的风景园林价值观，走出独具本土特色的现代园林之路。

朱建宁教授曾经谈道：“中国园林的发展，并不能依靠全面照搬西方现代园林的设计模式，西方园林来到中国同样有水土不服的情况”[16]。中国特色现代园林的发展需要借鉴古今中外的先进思想，保持开放、包容的胸怀；但是又要有所甄别地拿来，而不是生搬硬套。

## 参考文献

[1]（英）Tom Turner著. 世界园林史［M］. 林菁等译. 北京：中国林业出版社，2011.
[2] 刘先觉等著. 外国近现代建筑史［M］. 北京：中国建筑工业出版社，1982.
[3] 苏雪痕. 英国园林风格的演变［J］. 北京林业大学学报，1987，9（1）：100-108.
[4] 朱建宁著. 西方园林史——19世纪之前［M］. 北京：中国林业出版社，2008.
[5] 朱建宁著. 永久的光荣：法国传统园林艺术［M］. 昆明：云南大学出版社，1999.
[6] 王向荣著. 理性的浪漫：德国传统园林艺术［M］. 昆明：云南大学出版社，1999.
[7] 蒙小英，王向荣. 几何式与自然主义的并存：1920—1970年间的挪威园林［J］. 中国园林，2011（5）：40-44.
[8] 高杨. 西方园林艺术对近现代杭州公园的影响［D］. 杭州：浙江农林大学，2012.
[9] 冯艳，田芃，田朝阳. 中国传统园林的分形几何美学——对西方的欧式几何美学的反叛［J］. 华中建筑，2016（1）：11-15.
[10] 陈晓燕. 中国近代折中主义建筑文化浅探［J］. 云南艺术学院学报，2009（3）：78-80.
[11] 赵辰. 立面的误会：建筑·理论·历史［M］. 北京：生活·读书·新知三联书店，2007.
[12] 陈志华. 外国造园艺术［M］. 郑州：河南科学技术出版社，2001.
[13] 黄继刚. “风景”背后的景观——风景叙事及其文化生产［J］. 新疆大学学报（哲学人文社会科学版），2014，4（5）：105-109.
[14] Yi-Fu Tuan. Topophilia：A Study of Environmental Perception，Attitudes and Values［M］. New Jersey：Prentice-hall，Inc，1974.
[15] 李政亮. 风景民族主义［J］. 读书，2009（2）：79-86.
[16] 朱建宁. 中国传统园林的现代意义［J］. 广东园林，2005，28（2）：6-13.

# 第二讲
# 西方传统与现代设计理论和方法的反思

## 二、西方传统与现代设计理论和方法的反思

（原文载于《中国园林》，2014年第7期，作者：田朝阳，连雅芳）

**本节要义**：分析了中西方传统艺术与园林设计的原型、方法、作品、思维方式、结果、自然观，并对西方现代构成理论和空间理论进行了系统的反思和评价。发现西方现代构成理论与西方传统艺术、园林设计理论一脉相承，依然是孤立、静止、片面、局部的二元论世界观，其本质均为忽视自然存在的图面设计方法。西方空间理论关注物理空间的研究，缺乏对人文精神的关怀，其空间观念难以达到“意境”层次。西方现代构成理论和空间理论在园林设计等空间设计和教学领域的应用具有一定的副作用，应该引起业界的重视。中西方园林设计方法的差异在于追求整体的“境”和追求局部的“景”。

**关键词**：风景园林；现代构成理论；现代空间理论；图案设计；空间设计；“景”；“境”

西方现代空间理论家，基于对空间的物理属性的解读，提出了功能空间、通用空间、灰空间等一系列空间理论，并将它们作为放之四海而皆准的真理。关于中西方古典园林的设计方法，王绍增教授曾经发表过一系列研究文章，指出：西方园林设计起源于古埃及的土地丈量和古希腊的建筑设计，其基本方法是在平面上制图；中国园林起源于创造一个真实或模拟的自然式的生活环境或与大自然对话的空间，其基本设计方法是在现场真实时空中相地、体验和构思。因此西方和中国各自走上了“图形设计”与“时空设计”、“叠图法”与“简易科研法”不同的设计路线。他还特别强调：美术与园林设计有着密切的联系，但是，纯艺术是表达艺术家思想情感的媒介；而设计是要解决实际问题，特别是耗费大量资源、财力且影响生态环境

的人居环境设计，更不适合直接套用美术理论；而这正是当下主要设计潮流的根本症结[1~4]。

杨锐老师最近在《中国园林》上发表了“论‘境’与‘境其地’”的文章，首次系统地研究了中国风景园林的核心范畴概念“境”，具有重大理论意义；并提出现代汉语“境”拥有空间、时间和人的三重复合字义结构，为破除对单纯实体艺术和空间物理属性的崇拜打下了坚实的理论基础[5]。

目前，基于西方现代“平面构成”的“立体构成”、“色彩构成”、“空间构成”理论和方法，成为所有艺术和设计专业的基础理论和方法训练体系[6]。将原产西方的基于单纯对“有”的追求的平面设计理论、方法强行应用于追求“有无相生”的中国园林设计领域，显然是不合适的。同时，将基于空间物理属性的现代西方空间理论奉为空间设计的“圣经”，应用于有着数千年诗境追求、数千年诗境城市、聚落、园林历史的中华民族之“诗意国度”的“诗境”空间设计，无疑是一种倒退，甚至可能毁掉本民族已有的“诗境”空间。本文就此问题展开讨论，探索适合中国“境”的设计方法，希望得到前辈和同仁的指正。

## 1 中西方古代艺术与园林比较

### 1.1 原型和构图原理的比较

西方园林的原型是规则的园圃或农田，它们也是镶嵌在大地基质上的异质的“图案”或“图形”。即使在西方风景画起源地荷兰，其典型风格“下沉式园林”实质上是对围海造田人工景观的赞美；整体来看，它们是镶嵌在海洋、海滩基质上的异质的“图案”或“图形”。在五彩缤纷的西方现代园林流派中，从马尔克斯（Roberto Burle Marx）到屈米（Bernard Tschumi）很大一部分依然是以在地面上制造图形为出发点，只不过不再以规则的几何图案为目的。

中国山水画源自大自然，是浑然一体的大自然的微缩，画一片山水在纸上，无所谓“图”与“底”。中国园林的原型是自然，是尊重自然、师法自然的结果。《园冶》相地篇中，针对不同的背景，采取不同的构园策略，与背景基质相结合；不会有“异质”的感觉，更不会追求规则的“图案”或“图形”。

### 1.2 作品的比较

不同的设计思维和方法下产生不同的作品。着眼于“有”的西方古典园林作品，以建筑、花坛、花园等规则“图案”为创作目的。着眼于“无”的中国古典园林作品，以空无的中心水面或庭院，可供活动和思虑的空间，以及“有无相生”的景物和环境为创作目的[7、8]。

### 1.3 方法的比较

西方的透视原理，无论一点、两点还是三点透视，依然是静态的观察，没有时间的介入，永远都不会有动态的感觉。然而，真实世界的事物在人的观察中是联系的、变化的、立体的、整体的，透视法无法克服孤立、静止、片面的弊端。中国式的“入境设计法”则注重实际感受，一切从变换、动态、真实和多元化的现实空间出发。中国人发明的散点透视，力图在一幅画面上表达“高远、深远、平远”的不同视野，同时介入了时间要素，提供了一定程度上克服纸上绘画难以解决的活动与定点，时间与静止的矛盾的途径。

### 1.4 思维方式的比较

西方艺术，无论是风景画、园林还是建筑，均着眼于“有”的创造，是一种“加法设计”，即在“无”上增加“有”。《老子》“凿户牖以为室，当其无，有室之用”[8]，是对中国空间理论的最精炼的表述。中国山水画、书法中的“留白”，园林中的“中心水系”，建筑的“空”与流动，均是对“无”的追求，是“有无相生”辩证思维的产物[9]。

### 1.5 设计目标的比较

“图案”是西方古典园林的目标，“境”是中国古典园林的目标[1]。不同的设计方法产生不同的感觉效果，“图案”追求的主要是视觉效果，“境”追求的是综合感觉的空间效果，两者的层次不同。

### 1.6 世界观的比较

西方古典园林的原型是园圃或农田，其形成过程是首先清理现实自然中的植物、动物，然后消除山、水，平整土地，修筑规则式的田埂和灌溉系统等人工景观。在古代西方人眼中自然是不美的，必须消除；完全人工设计、美丽的大地相对于周边自然像一块嵌入的“图案”（图1、图2）[10]。

中国园林是师法自然的结果，其形成的过程是尊重地形、植物等已有自然要素，增补少量人工设施，自然和人工园林融为一体（图3）。

图1 西方古典园林——法国兰特庄园鸟瞰图[10]

图2 西方古典园林——法国沃-勒-维贡特庄园鸟瞰图[10]

图3　颐和园中部水景

## 2　西方现代构成理论的剖析与反思

西方现代平面构成理论是现代艺术与设计的理论基础和方法来源，诞生于20世纪初期；却与其古代的艺术和园林设计有着一脉相承的关系，它们拥有共同的原型、方法、思维方式和自然观。

### 2.1　现代构成理论的原型和构图原理

现代构成理论的点、线、面、体、基本形和骨骼等要素，与其说是来自对自然的抽象，不如说更像西方人工景观的灌溉农田中的水渠、成行的作物、地块、生产道路的变形，或者直接搬用美术或建筑的形体。自然界由于多因素长期地共同作用，中观上几乎不存在如此规律、规则的元素。现代冷抽象（又称理性、几何抽象）的鼻祖蒙德里安的画就来自其家乡荷兰的人造海田景观（图4）[11]。构图原理是在规则、平面、空白的图纸上，构建各种图案（图5、图6）[12]。

### 2.2　现代构成理论的思维方式

构成理论都是对“有”的设计。基于平面构成的色彩构成加入了“色”与“彩”的要素；基于平面构成的立体构成加入了“块”或“体”的立体要素；基于立体构成的空间构成虽名为“空间构成”，但实际上还是从“无”到“有”的思维路线。从整体来讲，现代构成理论是一套“加法设计”体系。

### 2.3　现代构成理论的设计效果

现代构成理论思维的着眼点在“图案”、“图形”的“视觉美观”设计，所以，对于绘画、平面设计、包装设计、产品设计、雕塑等着眼于“有”的应用领域，具有切实可用的价值。但是，目前的建筑学、风景园林、城市规划专业等空间设计专业，整套移植了构成理论和方法。大学生们经常在空白的纸上，无限制地增加“有”的元素，然后生硬地把平面构图直接转化为园林平面，却发现并不适用，有时还适得其反。为此，意大利有机建筑学派理论家布鲁诺·赛维曾对建筑设计采用平、立、剖三类二维图纸给予严厉批判[13]，因为它难以表现“空间”效果，由此导致后来“图底关系”思维方法的出现。

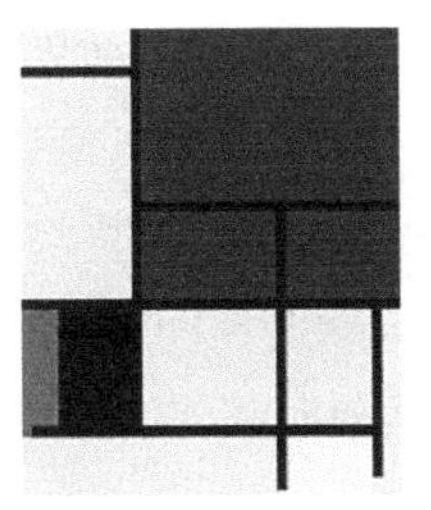

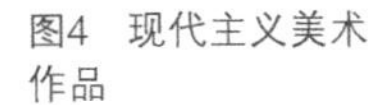
图4 现代主义美术作品

图5 现代主义景观作品

图6 后现代主义景观作品

图7 中国古代阴阳图

图8 西方的人脸和杯子图

同理，基于构成理论和方法的园林平面、立面、剖面图纸，注重实体园林建筑、山、植物等“有”的设计，忽略了空间的实用价值。“负空间”、“消极空间”、“外部空间”等概念的提出正是空间设计领域对构成理论的反思、质疑和反叛。西方又试图通过“图底转换”消除构成理论思维在空间设计领域的副作用。殊不知，2000多年前老子在《道德经》中就提出了“知其白，守其黑”、“有无相生”的理念。中国古代的阴阳图为完整的一体，根本不存在“图”与“底”的关系（图7）。而西方的人脸和杯子图虽然“图”、“底”难辨，依然是泾渭分明的“图”、“底”二元论的代表（图8）。可见，中国空间思维是何等睿智而早熟。

现代构成理论是西方古典“图面设计法”的延续，很难达到西方LA的原初目标——“景（-scape）”的效果；更不可能达到中国古典园林的目标整体——“境”的境界。只有运用中国传统的“时空设计法”才能实现“知其白，守其黑”、“有无相生”的整体“境”的效果。

### 2.4 现代构成理论的自然观

与“图面设计法”一样，西方现代构成理论，无视已有的地形、水、植物等自然元素，将场地当成一张平面的白纸，追求人工元素“有”的设计（见图5、图6）。

## 3 西方现代空间理论的剖析与反思

西方现代空间理论，与西方现代构成理论一起，相辅相成，组成了包括建筑、城市规划和园林在内的现代空间设计的理论基础。然而，西方现代空间理论偏重于物理空间的属性研究，缺乏时间要素，忽视人的精神感受，与中华“诗意国度”的人文情怀相去甚远。

### 3.1 西方现代空间理论的历程

回顾西方现代空间理论产生、发展的历史，有益于认清其本质[14]。

功能空间：“功能空间”是指有着明确的实际“器用”功能的空间，由赖特根据老子《道德经》中的“埏埴以为器，当其无，有器之用。凿户牖以为室，当其无，有室之用”首次提出。柯布西耶提出“住房就是居住的机器”，将建筑空间的实际“器用”目的和功效引入极端境地。赛维曾根据有无内部空间作为建筑的评价标准，将埃及的金字塔、希腊的帕提农神庙排除在建筑之外，称之为“构筑物”。

全面空间：“全面空间”又称“通用空间”、“万能空间”，指可以通用的较大空间，其内部是被划分成若干互相联系贯通的小空间当其中的隔墙被移走，留下来的将是一大片空间整体。该理论最早由密斯·凡·德·罗提出，对20世纪建筑界有着重要影响。密斯的伊利诺伊理工学院克朗楼，就是“全面空间”的最佳诠释。数千年来，中国的建筑空间一直都是“全面”、“通用”、“万能”的空间。

灰空间：“灰空间”最早由日本建筑师黑川纪章提出，指介乎建筑室内封闭空间与室外开放空间之间的中介与过渡空间。无疑，“廊”是这一概念的起源。“灰空间”一定程度上消除了建筑内外空间的隔阂，使人们产生一个心理上的转换的过渡，有一种驱使内、外空间交融的意向，促进人与自然环境的对话，有利于“意境”的生发。“灰空间”在“功能空间”的基础上显现出一定的“诗境”韵味；不过，其提出者更多是针对空间形式而言的，并没有明确表明其中的人的情感因素。

场所空间：“场所空间”来自挪威建筑理论家诺伯格·舒尔茨关于“场所精神”的理论。“场所就是在特定的环境中，在文化积习和历史积淀下形成的具有时空限制的外在意义空间”。蕴含“场所精神”的“场所空间”，既有实用性功能，又有比“灰空间”更明确的人的精神情感方面之属性，因而显现出较多的“诗境”韵味。

流动空间：“流动空间”由密斯提出，其代表作是1929年的巴塞罗那世界博览会德国馆。“流动空间”概念在西方是全新的，以至于它的提出震动了当时的西方建筑界，但在古老的东方——中国，则类似概念古已有之。中国建筑与园林在有限的空间中利用隔扇、屏风、漏窗、门洞及花墙等方法，使景色似隔非隔、欲隐还现、若虚若实，“山重水复疑无路，柳暗花明又一村”，方寸之地中的千山万水就是中国园林对“流动空间”出神入化的理解与应用，表现出无尽的生机和如梦似幻的感觉，创造出意远境深的园林空间。从这个意义上讲，与其他空间类型相比，“流动空间”显示出最浓的诗意韵味。虽然“流动空间”概念和中国造园艺术有着惊人的共通性，但诚如密斯的理解，他的“流动空间”与中国造园艺术在哲学底蕴上是全然不同的。前者是理性的、秩序的、实用性的，而后者是有意蕴的、自由的，是在自然中的闲庭信步，因而是“诗意盎然”的。

### 3.2 从“功能空间”走向“诗境空间”

从以上对“功能空间”—“全面空间”—“灰空间”—“场所空间”—“流动空间”的回顾，基本上表达了西方现代空间概念发展的方向：即空间概念包含人与空间的协调程度和人之情感参与空间营造的深度，依据这种程度和深度的不同，大体显示出了一种空间“诗境”韵味的递增关系。理解和构建空间，如果仅从实用、工具的角度出发，或者仅从物理、数学、技术、工程结构等客体性的角度出发，抑或仅从形式、装饰等主观性的角度出发，都不能将它们统摄在人的生存方式、生活方式的整体意义之中[14]。

梁思成、林徽因在1932年就提出了“建筑意”的概念，比舒尔茨提出“场所精神”要早30多年。相对于“场所精神”，梁思成、林徽因的“建筑意”是在中国文化语境中创造性地提出来的，吴良镛先生认为“建筑意”不但包含了“场所精神”的深刻内涵，而且更具有中国文化的意义，他说：“这（场所精神）是西方的理论，按照中国人的习惯，可以称之为‘场所意境’。就建筑来说，梁先生首创的‘建筑意’一词，实在是更加精辟而切题了。强调‘意境’，彰显出了中国的文化和美学精神，再与诗词、书画的意境并提，更道出了建筑意境的精义”[15]。

纵观中华大地，中国传统建筑、园林、聚落与城市往往有诗同在。有诗境表现的中国传统建筑，建筑与诗文互证互显已成为久远的传统；有诗境化身的中国园林，园林兴造与欣赏就是诗的建构与感悟；有诗境意蕴的中国传统聚落与城镇，传统聚落和城市如同一首首写在大地上的诗篇，九州大地处处留有聚落与城市的诗意图景，充斥着“八景”的命名和诗句。这就是“中国式”规划设计营建，其可贵品质在于它那无尽的“诗境”之美；也反映了在诗学文化精神的浸润下，中国人对于诗境的生存空间之不懈追求。基于此，刘晓辉博士明确提出“诗境空间”的概念[14]，这是中国人又一次对西方空间理论反思与反叛的结果。

### 3.3 从“诗境空间”走向“境”与“境其地”

面对西方空间理论体系的强势侵入和泛滥，中国的人居环境建造者一方面努力吸收外来文化的精华，一方面经历了几代人、近百年的集体探索和思考，最终由清华大学的杨锐教授提出了系统、全面、完整的“境”理论体系，终于完成了从“建筑意”的朦胧意念到“诗境空间”的概念提出，再到整体“境”的庞大空间建构理论体系的构建。正如王绍增教授所说：“在全球一体化的大背景下，源于中国的理论体系不应纯粹由中国人提出。基于中国哲学和历史的所谓‘中国理论’不应是中国私有的，而应该是世界的，所以具有深厚中国文化修养同时又有留学经历并大量参与国际学术活动的学者，是最有可能作出这种贡献的”。以此为转折点，某些人动辄“言必称希腊”的现象应该逐渐收敛了[16]。

## 4 结语

中国园林设计方法源于追求“有无相生”的整体“境”，西方园林则是追求单纯“有”的局部“景”。西方现代构成理论与西方传统艺术、园林设计理论一脉相承，依然是孤立、静止、片面、局部的二元论世界观，其本质均为忽视自然存在和时空演变的图面设计方法。现代构成理论作为着眼于“图案”、“图形”等“有”的设计理论和方法，更适用于美术设计、平面设计、包装设计、产品设计等追求视觉美观的领域。西方现代空间理论主要关注空间的物理属性，即空间的形态，而对空间的精神意义关注不够。用“境品”来评价的话，最多达到“物境”或“情境”，难以达到“意境”的层面。因此，单纯将西方现代构成理论和空间理论运用于园林等空间设计和教学，具有很大的片面性，应该引起业界的重视。

而园林设计的核心是对空间的设计，即对“无”和“境”的设计，更宜于采用中国古典园林的入境设计法。在乡村、田野、风景区、自然保护区的空间尺度和层面上，以“境其地”为目的的中国传统的园林设计方法会有更大的应用价值。现代以资本增值为利益背景，强调艺术构图的视觉设计和物理空间设计的西方景观和建筑艺术理论，并非毫无价值，但最好可被允许存在于不到地球表面1%的一小块地面上；人类应该力争让绝大部分土地尽量接近自然的面貌和属性。未来属于以“造境”和“理境”为核心的中国式风景园林。

## 参考文献

[1] 王绍增. 关于中国风景园林的地位、属性与理论研究 [J] . 中国园林，2014，30（5）：15-22.
[2] 王绍增. 从画框谈起 [J] . 中国园林，2006，22（1）：36-37.
[3] 王绍增. 论中西传统园林的不同设计方法：图面设计与时空设计 [J] . 中国园林，2006，22（6）：18-21.
[4] 王绍增. 叠图法和简易科研法 [J] . 中国园林，2010，26（8）：36-37.
[5] 杨锐. 论“境”与“境其地”[J] . 中国园林，2014，30（6）：5-11.
[6] 王琪. 建筑形态构成审美基础 [M] . 武汉：华中科技大学出版社，2007.
[7] 刘滨谊. 寻找中国的风景园林 [J] . 中国园林，2014，30（5）：23-27.
[8] 彭一刚. 中国古典园林分析 [M] . 北京：中国建筑工业出版社，1986.
[9] 李耳. 道德经 [M] . 北京：金盾出版社，2009.
[10] 朱建宁. 西方园林史 [M] . 北京：中国林业出版社，2008.
[11] 王昌建. 西方现代艺术欣赏 [M] . 北京：中国电力出版社，2007.
[12] 王向荣，林菁. 西方现代景观设计的理论与实践 [M] . 北京：中国建筑工业出版社，2002.
[13]（意）布鲁诺 · 赛维. 建筑空间论 [M] . 张似赞译. 北京：中国建筑工业出版社，2003.
[14] 刘晓辉. 诗境规划设计思想刍论 [D] . 重庆：重庆大学，2010.
[15] 萧默. 建筑意（第一辑）[M] . 北京：中国人民大学出版社，2003.
[16] 王绍增. 主编心语 [J] . 中国园林，2014，30（6）：5.

# 第三讲
# 中国古典园林的现代意义

## 三、中国古典园林现代意义的再认知
## ——就“中国古典园林的现代意义”一文若干观点与朱建宁教授商榷

（原文载于《新建筑》，2017年5期，作者：冯媛，孙文静，刘路祥，田朝阳）

本节要义：十多年前朱建宁教授发表在《中国园林》上的“中国古典园林的现代意义”一文影响巨大，但其中有些观点不甚明确，甚至自相矛盾。本文基于中国文化复兴的现代背景，结合近十年相关专家的研究，对其中关于中国古典园林警示意义的六点，进行逐一辨析，以消除对传统园林的一些误解，重新认知其现代意义，为其传承消除认知障碍。
关键词：中国古典园林；警示；现代意义；山水园

中国古典园林诞生于中华大地上，历经3000余年的漫长历史造就了博大精深、风格独特的园林体系，其历史地位、文化价值和世界贡献毋庸置疑。随着西方园林的引进，中国园林的传承与发展受到了冲击，对中国古典园林的研究与讨论众说纷纭。

同样，在西方建筑理论的影响下，中国土木之现代性的认知经历了百年辛路。赵辰所著“立面的误会”一文质疑了以梁思成为代表的中国第一代建筑历史学家用立面比例分析的方法研究中国建筑体系，重新诠释了中国建筑的木构传统[1]。曹汛先生在“《园冶注释》疑义举析”一文中对陈植先生的《园冶注释》提出了140条意见，使其更加完善[2]。刘家麒先生向孟兆祯院士所著《园衍》提出质疑，使模糊的问题得到了澄清[3]。这些学者不畏权威，对学术严谨钻研的态度和对真理执着追求的精神值得我们学习。

著名教授朱建宁于2005年在《中国园林》上发表了“中国古典园林的现代意义”[4]一文。通过中国知网的检索，该文章至2016年11月1日为止下载量高达5005次，被引用133次，在该杂志刊出的7215篇文献中排名第六，名列古典园林研究文章之首，可见其影响之深远。在反复推敲原文后，笔者感到有些观点模棱两可，甚至自相矛盾。近年来，关于古典园林出现了一些新观点，朱教授也没有再对中国古典园林的新认知作出系统的校正和总结，我们觉得有必要提出来向朱教授请教。

原文分为三个部分，分别是中国古典园林的历史地位、中国古典园林的现代意义和中国园林的发展方向。第二部分起到承上启下的作用，是文章的核心，而其中“现代意义”无疑是精华部分。但是，在论述现代意义之前，朱教授却首先谈到了中国传统园林中的糟粕及其带给现代人的警示意义，并分为六点。而且，这六点警示与后面的现代意义存在不少冲突之处，我们将结合近年来的研究成果，对这六点展开商榷。

## 1 中国古典园林与现代人的生活方式相距甚远

警示意义的第一条：“中国古典园林是在长期封闭的社会状况下，主要在私家领域里沿着山水格局一脉相承、逐渐走向成熟和完善，而这与现代人的生活方式相距甚远。这是中国古典园林使人们敬而远之的主要原因之一”。

第一，将古人与今人的生活方式对立。从古老传说的神仙居所、文学艺术的世外桃源、绘画艺术的丘壑内营到园林艺术的壶中天地，反映了生活在不同时代的国人对诗意栖居理想的共同追求。现代生活节奏越快，人们对自然环境中慢生活的向往就越强烈。王绍增教授认为中国古典园林创造了人与环境交融的真实境遇和着意安排的空间关系，更适合未来的和谐社会[5]，当今持续火热的“苏杭旅游”就是证据。杨滨章指出，中国古典园林具有超越时空的现实意义，不仅可以造福古人，也同样可以造福于现代人，在工作、学习、生活之余舒缓压力、陶冶情操、修身养性[6]。

第二，将生活方式与审美情趣对立。现代人的生活方式较之古代虽然有所变化，但是山水审美观念来自于本国的社会和文化背景，具有历史的传承性。如今，全国各地的古典园林令人驻足流连，说明“人们对中国古典园林敬而远之”的说法是不符合实际的主观臆断。现代人热爱自然、亲近自然、欣赏自然的情趣没有改变，这种审美情趣深深积淀于山水文化中。正如杜顺宝先生所说：“我国自然山水审美意识源远流长……将人文精神渗透和融入自然山水之中”[7]。不管时代如何变迁，人们对于民族文化的认同感和归属感始终不变，这也是古典园林永恒的魅力所在。

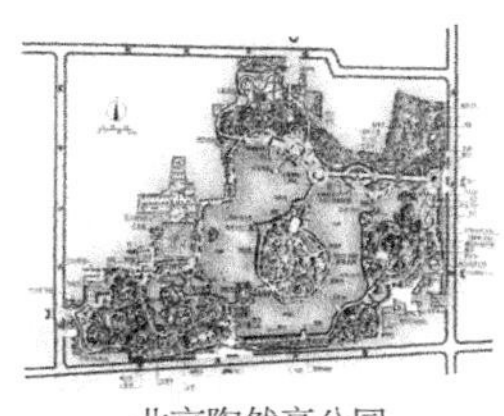
北京陶然亭公园

北京紫竹院公园

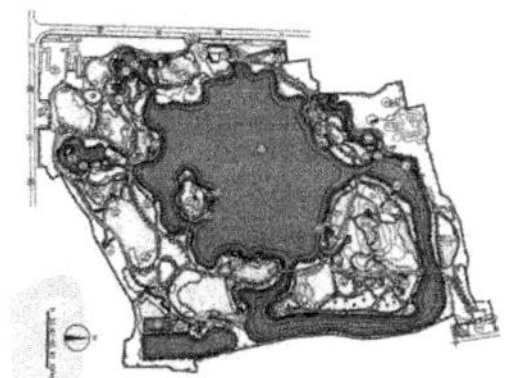
上海长风公园

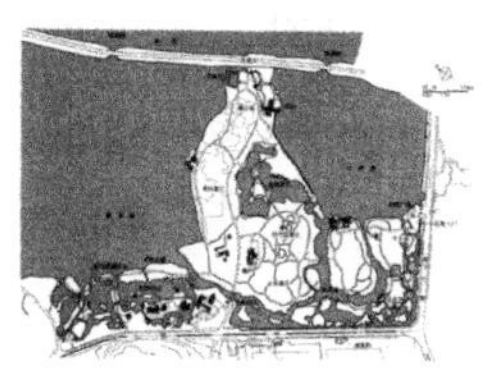
杭州花港观鱼公园

图1　延续中国古典园林形式的现代公园

第三，将公共与私家对立。不可否认，中国古典园林从归属关系的角度具有私有化的特征，但就山水空间形式而言，没有公与私的判定。董豫赣指出，将景观或建筑区分为公共与私有，只是物权分类，而无关栖居其间的身体感受与判断[8]。况且，中国也有公共园林，杭州西湖以其中国古典园林的风貌，从古至今吸引着国内外无数游人慕名而来。北京的陶然亭公园、紫竹院公园、上海的长风公园、杭州的花港观鱼公园等，都延续了中国传统的自然山水园的布局（图1），受到了大众的欢迎和好评，证明古典园林形式是可以为公共游览服务的。

第四，将大众与个人对立。中国古典园林虽然为帝王、士大夫所享用，但造园活动是由社会各阶级、各阶层参与并被广为热爱的。就其本质而言是中国人民共同努力的结晶，艺术成就是属于民族的、社会的，同时也是属于世界的[6]。

第五，将艺术与政治对立。将中国古典园林艺术打上封建社会的烙印，带着政治眼镜来质疑和批判古典园林艺术不免有失偏颇。政治制度与艺术各有自己的评判标准，我们不能用政治制度的标准来评判艺术。正如一个文人与一个莽夫打架，文人被打败了，能说文人没文化吗？中国作为东方大国自古以来就不断地与外界进行交流，园林文化的影响近及日本，远及欧洲，出现了英中式、欧中式园林[9]。即使面临西方列强的入侵，作为半殖民地的中国，租界中仍然有中国传统形式的公园[10]。傅凡指出，中国园林自始至终传续着自己的传统，不能因为社会制度的变化而加以否定[11]。

## 2　中国古典园林形式与现代的生态设计理念相违背

警示意义的第二条："近一个世纪以来，由于人类活动的影响，中国的自然环境与景观资源发生了巨大变化，北方城市水资源十分贫乏。因此，山水式园林更适合江南的自然环境和资源条件，而北方大部分地区并不适宜建造大规模的山水园林。像颐和园、圆明园这些大型山水园林都是在原有水面或沼泽地的基础上加以疏浚而成的。然而，现在对一些新建水面维持消耗了大量珍贵的水资源，正在建造中的奥林匹克森林公园不惜在平面上挖湖堆山，其实是劳民伤财的反生态设计理念"。又在后文（该文章第2.4条）说："在园内挖湖堆山，既有利于排水，便于植物的生长，又可在山丘之巅享受微风拂面带来的清爽……”这种前后不一致的说法难免会引起读者的思维混乱。

第一，园林形式导致北方城市缺水的悖论。北京自古以来就是一个缺水的城市，也是中国唯一一个不临大河的大城市。周维权指出，位于北京西北郊的“三山五园”，利用原有山水地貌构建了大型的山水园林，形成了一套完整的水循环系统，既保证了生活用水和农田灌溉，又解决了山洪泛滥的威胁[12]。李雄指出，水源不足、土壤贫瘠是北京植物园面临的最大难题，通过人工挖湖堆山，扩建蓄水系统，为植物提供良好的生长环境[13]。邱冰指出，有的学者不研究生态危机的根源，反而把古典园林形式当成生态危机的“替罪羊”是无根据的[14]。

第二，园林形式导致劳民伤财的悖论。因个别设计师蔑视自然、忽视基地现状的反例而得出挖湖堆山是劳民伤财的结论是片面的。在《园冶》、《长物志》和《闲情偶寄》等古籍中，多处提到造园如何节约、高效[15]。邱冰指出，20世纪50、60年代的公园大多是利用原有地形略加整理，形成类似天然山水园的地貌效果，多余的土方就近支援他处的建设，“因地制宜”的原则应用得极为充分[14]。

第三，园林形式与本土景观的悖论。文章认为中国的现状不再适宜山水园林形式。后文又提到：“中国古典园林也是再现本土自然景观典型特征的范例。中国的山地和丘陵约占国土面积的2/3。在传统文化和道教思想的影响下，国人始终认为无山无水则不成园。”文中的观点自相矛盾。董苛指出，中国古典园林“移山缩水”、“拳山勺水”，是对自然要素的科学地地理重构，局部与整体有着高度的关联[16]。意大利的台地园、法国的古典主义园、英国的自然风景园都是本国自然景观的缩影，是国土身份的一种象征。中华大地上有众多的名山大川，总体上的国土景观未发生大的变化，自然山水园形式也不会过时。朱光亚指出，我国南方城市多山，北方城市有的也在近郊或者远郊存在这种与阴阳相呼应的山水关系。当代城市风景建设中，仍时时存在着山水文化物化的机会[17]。

第四，园林形式与生态设计的悖论。生态设计意味着减少对资源的剥夺和破坏[18]。用推土机铲平自然地形是反生态设计。西方规则式园林大多是建筑的延伸，出于征服自然的信念，无视自然地形而强调人工的规则和秩序，与生态设计背道而驰。中国古典园林是自然的再现，造园在选址、理水、植物、建筑、场地等多方面蕴含着丰富的生态智慧[19]。《园冶》中提到的“构园无格”、“得景随形”、“借景有因”、“因高堆山、就低凿池”，把对环境的干扰降到最低，正所谓“相地合宜，构园得体”。“一池一山”、“一池三岛”的空间结构，更能平衡土方，符合生态设计的场所精神。此外，《园冶》相地篇（三）村庄地：“约十亩之基，须开池者三，曲折有情，疏源正可；余七分之地，为垒土者四，高卑无论，栽竹相宜”。山水营造的小环境为各种生物提供必要的生存环境，并涵养水源、平衡地下水位。“天人合一”的宇宙观，很好地处理了“天、地、人”三者间的关系，与现代生态设计理念一脉相承，没有哪一种园林如中国古典园林那样将自然提升至前所未有的高度[14]。

第五，园林形式与海绵城市的关系。我国大部分地区属于季风气候区，降水量集中在7、8、9月份，城市旱涝问题并存。若城市只是一个水平面，水该往哪儿流？又如何不流失？北京遭遇特大暴雨侵袭，内涝灾害严重，紫禁城的排水之所以经受住了考验，其外围的北海、南海、中南海等各类海子无疑起到了“海绵”的作用。从大禹治水到古城水系规划，都是利用天然水系，清除淤塞、凿池引流，疏浚河道的土用来堆山，构建了一个蓄滞雨水的循环网络[20]。中国山水园这一独特的艺术形式便是由解决洪涝灾害的实用价值进一步发展而来。目前，为了解决城市雨洪灾害和水资源短缺的问题，习近平总书记明确指出：必须顺应自然，要优先考虑把有限的雨水留下来，优先考虑更多利用自然力量排水，建设自然积存、自然渗透、自然净化的海绵城市[21]。古人雨洪管理的措施对现代海绵城市的建设有着重要的借鉴意义[22]，传统山水园林形式可作为海绵城市建设的重要载体。与圆明园一样，杭州西溪湿地公园在满足生态功能的同时，其本身也是写意的中国山水，是现代版的圆明园。

## 3　城市中不再需要中国古典山水园林形式

警示意义的第三条：“由于交通条件的改善，现代人融入真山真水之中已十分便利，无须再在城市中尽享山林之乐。而真山真水的气势及其丰富的景观环境却是假山假水难以比拟的，导致以人工山水为主的古典园林失去了存在的必要性，紧紧抱着古典园林形式不放不利于中国园林的发展”。

第一，偶然出游与日常生活的悖论。城市人们通常只能利用短暂的假期在自然山水风光中寻求放松。曾有建筑师毒言：“看了阿尔卑斯的真山真水，再看江南园林，无异于一堆乱石头，一池臭水”。董豫赣反驳：“真的崇山峻岭或大海长河固然壮阔，也无法在‘城市山林’里造作安身”。人们不可能每天去看自然山水，更不可能将城市搬到真山真水去。而中国古典园林以人工的掇山理水将广阔的自然山水带入了城市的日常生活，可谓“咫尺山林，多方胜景”。因此，我们的城市需要这样一种在家门口就能带来赏心悦目感受的中国式园林，将人们融入自然的需求常态化。

第二，真山真水与假山假水的悖论。有真山真水为什么要做假山假水？谢灵运《山居赋》中的“面南岭建经台，倚北阜筑讲堂，傍危峰立禅室，临浚流列僧房……”将栖身建筑与自然山水结和为牢不可破的居景关系[8]。宋代郭熙在《林泉高致》中认为：“可行可望不如可居可游之为得，何者？观今山川，地占数百里，可游可居之处十无三四，而必取可居可游之品”[23]。自然山水中适宜人居游的场所不多见，郭熙以“坐穷泉壑”的姿态说明中国的山水画意讲究“行、望、居、游”的身体感受，超越了原生自然。中国园林所营造的“如画”景观，本于自然，高于自然。假山假水比真山真水更能密集体现人对居游画意的判断[24]，追求神似而不拘泥于形似，创造出“虽由人作，宛自天开”的意境，这就是计成对假山所言“有真为假、作假成真”的缘由。正是不能经常出游真山真水，才有了城市中人工的假山假水。假是假借的意思，不是真假的伪，更不是赝品的赝。作者在后文（该文第2.7条）中提出“正如中国古典造园家所言，关键是‘假自然之景，创山水真趣，得园林意境’，营造出空灵的空间效果”。这显然又是自相矛盾的。

第三，古典园林形式与中国现代园林和城市发展的关系。我国现代园林建设往往专注于西方现代景观的撰写，造成了文化归属感的缺失，构建具有本土文化特色的城市景观迫在眉睫。钱学森先生和吴良镛教授分别提出的“山水城市”和“山—水—城”的理念（图2），与古典园林形式有着某种意义的契合（图3）。将中国古典园林思想与整个城市结合起来，让每个市民生活在山水园林之中，而不是要市民去找园林绿地、风景名胜[25]。众多山水园林构成了山水城市的壮丽画卷和诗意格局，局部与整体有机结合，这实质上是对中国式生态人居环境的追求。

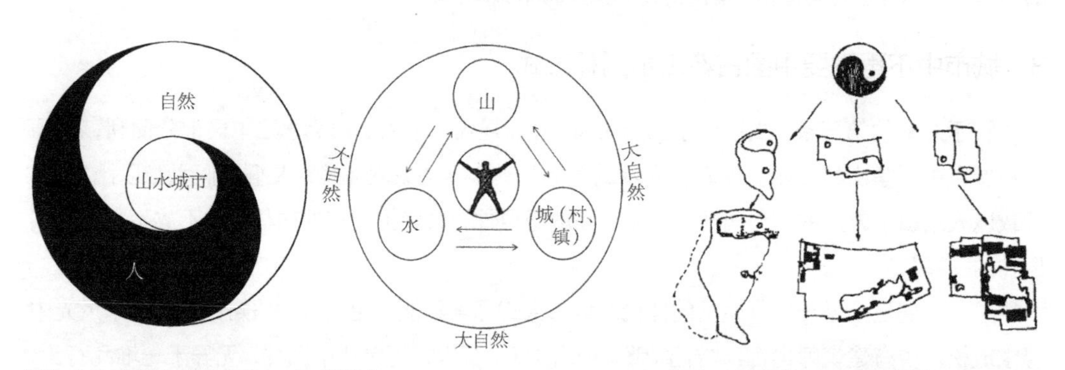


图2 “山水城市”太极图和山-水-城模式

图3 中国园林与太极拓扑同构

## 4 中国古典园林与现代城市建筑不融洽

警示意义的第四条：“中国古典园林表现自然的写意手法和传统建筑的体量与形式十分融洽，但在高楼林立的现代城市中则显得格格不入，随着城市与建筑设计的全盘西化，现代人也趋向于西方园林形式”。

第一，对古典园林写意手法与现代城市建筑融合的否定。以此类推，日本现代建筑庭院中再现的枯山水写意园林也是一种失调。显然，这种观点是有失公允的。童明说：“我们进入到高度发达的城市中的时候造园这件事可以继续，即使是在高墙阔壁之间，我们的建筑师仍然可以再现自然”。山水自然环境在决定城市特色方面的作用比城市中的建筑更为重要[25]。中国的山水诗、山水画、山水建筑、山水园林、山水城市都是滋生于中华大地的山水景观之中并一脉相承，承载着人们的精神内涵和审美情趣，这是中国古典园林的长久生命力。现代建筑的形式虽然有了差别，不变的是国人骨子里的“万水千山总是情”，而非现代景观理论所谓的“万水千山总是理”[26]。现、当代的风景园林师、建筑师积极汲取古典园林的精华，用现代语言演绎了现代城市建筑与自然的融合。冯纪忠先生在方塔园中的何陋轩用现代材料和结构展现了现代建筑空间的流动性，有意地体现了古典园林的匠心营造，与山水景色浑然一体（图4）。苏州博物馆中的片石假山是对自然的高度写意，具有中国传统山水园林的特色，与现代馆舍建筑相结合，十分和谐地融入周围的环境（图5）[27]。上海世博会亩中山水园用简练的设计语言在庭院空间中畅想自然山水，现代建筑与传统精神很好地嫁接、结合（图6）[28]。李兴钢绩溪博物馆中连绵起伏的屋瓦面与庭园中的创意山水和远处的山脉遥相呼应（图7）。流动花园中的创意馆和自然馆（图8）仿佛是大地的延伸，更加自然地融入了山水中[29]。深圳万科第五园与上海九间堂别墅区有异曲同工之妙，塑造了既有现代气息又有古典园林意境的生活空间[30]。

图4　方塔园中的何陋轩

图5　苏州博物馆片石假山

图6　亩中山水园中的荷香馆

图7　绩溪博物馆屋瓦面

图8 流动花园的创意馆和自然馆

第二，对城市与建筑设计全盘西化的悲观预测。高楼林立的现代城市千篇一律，实际上是对西方建筑的盲目模仿，不符合中国人的精神追求，首都北京的鸟巢、鸟蛋、鸟嘴之所以被国人嘲讽，也是西方现代建筑在中国水土不服的体现。复制西方城市的蹩脚设计不仅破坏了人与自然的平衡，隔绝了人与人的密切联系，而且割裂了中国传统文化的脉络，丧失了地域特征。对此，一些青年建筑师们试图立足于传统，重建具有中国特色的当代建筑，并取得了卓越的成就。王澍的中国美术学院象山校区（图9）和宁波历史博物馆营造了一个与自然相似的世界[31]；马岩松的“山水城市”，建筑造型类似于假山的叠加和地形的构造，屹立于中国大地上，勾勒了一幅中国的山水画（图10），中国建筑正在以自己独特的形式与当代城市对话。

图9 中国美术学院象山校区

图10 马岩松的“山水城市”理念

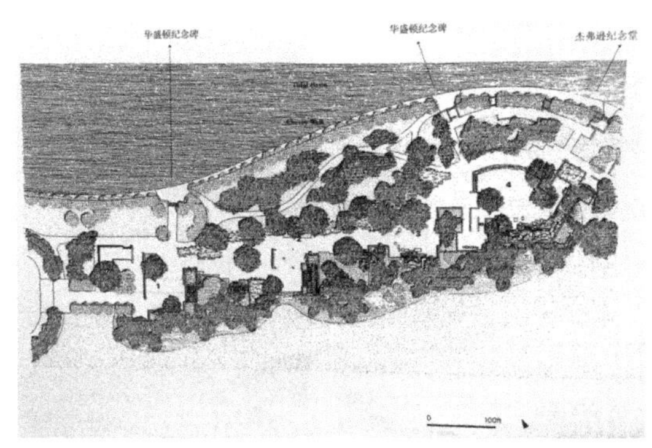

图11　罗斯福总统纪念园

图12　凯宾斯基酒店花园

第三，对现代国人倾向于西方园林形式的误判。西方园林形式是指哪种西方的园林形式？是表现了中国古典园林空间特质的罗斯福总统纪念园（The FDR Memorial）（用绿篱、墙体分隔的流动空间）的空间设计（图11），还是彼得·沃克（Peter Walker）的德国慕尼黑机场凯宾斯基酒店花园（Garden of Kempinski Hotel）环境的图面设计（图12）？显然，着眼于“图形”或者“图案”的平面设计不符合中国的场所精神和地域文化，而中国古典园林本身就是流动空间的真实写照[32]，具有明显的现代主义特质。有调查结果显示，73%的国人喜爱中国园林[33]。目前，中国的当代建筑正在回归，房地产行业中也掀起了新中式园林热。

## 5　中国古典园林的传承偏于要素和技法

警示意义的第五条：“中国古典园林中惯用的山石、小品和木结构建筑等造园元素，或因材料难觅，或因功能丧失，或因维护成本较高而更换材料；且精湛的技艺大多失传，导致现代仿古园林作品设计制作水平低下，精工细作荡然无存”。

第一，传承内容的误解。对于传承的内容，朱建宁教授多关注于元素、材料、色彩、形式、结构、技艺等具象的表层特征方面。中国古典园林艺术包括表象的符号特征和深层的空间特质。纵观历史，古今中外园林的元素、材料、形式及技艺是不断变化的，难以传承。刘滨谊教授提出“时空转换”是中国风景园林规划设计的本质和灵魂[34]，是深层的空间特质。张大玉教授认为中国园林的根本是独特的空间创造和经营[35]。田朝阳等学者分析了园林设计的核心是对时空的设计[36]。王晓炎等人认为中国古典园林的空间具有超越时代的现代性[37]。因此，中国古典园林艺术的深层空间特质具有抽象且永恒的魅力，是传承的核心。

第二，传承与仿古的观念混淆。如果原汁原味地传承了这些表象符号，那是仿古。如果抽象地传承了这些表象符号，那是后现代主义的做法。只有继承了中国园林的时空精髓，那才是传承，才是中国现代园林的出路。现代园林反对装饰和精雕细琢，仿古园林只是单纯地追求样式，技艺的精工细作也只是过度地关注装饰，造成人力、物力的浪费，应该遭到古典园林现代化的摒弃。冯纪忠先生“与古为新”，方塔园中的堑道设计用现代材料取代了传统叠山惯用的太湖石，上植香樟林，其空间开合幽旷，散发出浓郁的山林气息（图13）。董豫赣老师的红砖美术馆摒弃了传统的外表形态和符号，却营造出与古典园林似曾相识的感觉（图14）。王向荣教授的竹园、四盒园、青岛园、快乐田园、天地之间、心灵的花园等一系列现代展园祛除了古典园林表象符号的装饰性，采用新要素、新材料和新技艺，以艺术抽象的手段再现了古典园林的空间意象，将古典园林的空间特质诠释得淋漓尽致（图15）。表现事物本质的简单、纯粹的设计，也恰恰符合了现代人的审美取向[38]。

第三，古典园林维护成本高的臆断。文中提出古典园林的维护成本高，难道现代园林模仿西方的大草坪、对绿篱“图案”修剪的养护成本就不高了么？截至目前，还没有证据证明古典园林的维护成本高。

图13　方塔园中的堑道

图14　红砖美术馆槐谷

竹园鸟瞰图

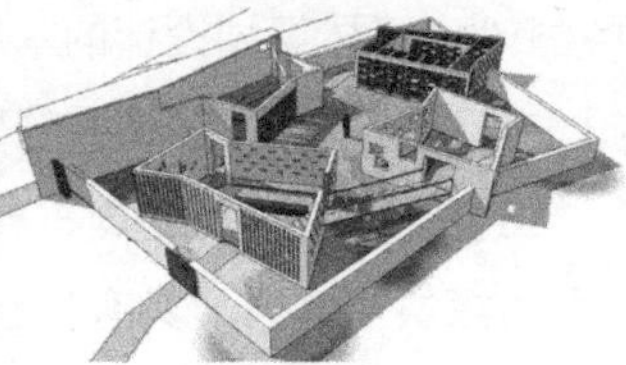

四盒园鸟瞰图

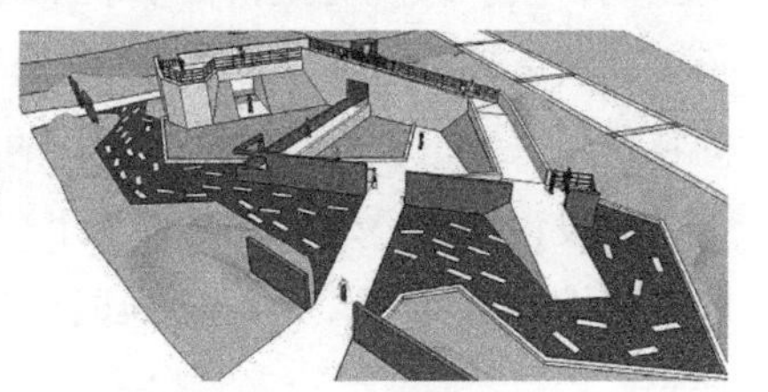

青岛园鸟瞰图

图15　王向荣的现代展园

## 6 中国古典园林的封闭小环境

警示意义的第六条："中国古典园林大多营造在一个相对封闭的小环境中，对周围的大环境影响甚少，未能突破私家园林的局限性。在追求急功近利、希望全盘照搬的现代社会中，也难免遭到摒弃"。但是，作者在后文（该文第2.5条）中又指出："中国古典园林尽管建造在封闭的空间中，但并不局限于园址边界的限定，而是以场地的视觉边界为设计范围，通过巧妙的借景手法来形成完整、统一的园林景观，正可谓巧于因借、精在体宜。借景不仅……同时使园林景观与城市和自然景观相联系、相呼应"。这显然自相矛盾，给读者造成无所适从的感觉。

第一，封闭与开放的悖论。作者提出古典园林就意味着空间环境的封闭性，无法适应当下公共、开放的城市景观体系。纵然现在提倡开放式社区，而中国城市中的楼栋之间能有多开放？即使西方城市有开放的空间，他们做中国园林吗？他们依然在做西方园林。古典园林虽然产生于私有制社会，但基于山水的园林与强调私有性的篱笆墙没有必然的联系[39]。

第二，大尺度与小尺度的悖论。事实上，面临着小尺度的古典园林无法适应大尺度现代园林的责难，圆明园、颐和园、承德避暑山庄、西湖实现了任何空间尺度的推移。中国古典园林具有"不规则形"和"局部与局部、局部与整体的相似性"两大基本特征，进而推出无尺度性[40]。其实，无论再大的空间，与身体发生关系的空间距离多为30m左右[41]，而江南园林的中心空间多为30m左右，或者以30m为空间单位进行园中园式的空间细化。法国凡尔赛宫园林尺度巨大，反而失去人性。在后文（该文第2.7条小中见大的效果）中，作者又提出"小中见大"是应该传承的特色。请问，如果没有小尺度，还如何实现这种特色？

第三，对环境影响大与小的悖论。杭州西湖对杭州整个城市的生态、生产、生活都产生了巨大的影响，甚至影响了城市的布局和规划。日本庭园的枯山水园林对周围环境的影响更小，但其国人却奉为国粹，被克里斯托弗·唐纳德（Christopher Tunnard）视为现代园林的三种方法源流之一[9]。因此，园林对环境影响大与小的问题，不能成为其是否应该被继承的依据。

第四，摒弃与传承的悖论。作者提出由于上述原因，中国古典园林必定"在追求急功近利、希望全盘照搬的现代社会中，也难免遭到摒弃"。中国古典园林以其独特的园林形式屹立于世界园林体系之中，足以证明其高超的文化艺术价值。其实，应该摒弃的是"急功近利、全盘西法的现代社会"，而不是中国园林。

## 7 结语

刘庭风教授说过："如果不热爱传统，或者说排斥它的话，把它当成一个糟粕，我们就不会去表现它了。我不认为这些传统都是糟粕，我始终认为它们可以用现代手法去解构它，重构它[42]。”苛刻地看待古典园林并对其大加讨伐，实际上是对本民族园林文化自信心的缺乏，不利于我国本土化景观的创作。

现代园林不是无源之水、无本之木。西方园林在走向现代主义的道路上与欧洲古典园林的空间结构和形式语言一脉相承，如雪铁龙公园（Parc Andre Citroen）、拉·维莱特公园（Parc de la Villette）用现代设计语言延续、发展了勒诺特（André Le Nôtre）式园林的中轴对称开敞和两侧小丛林的空间形式[43]。西方仍然是西方，我是谁？离开了中国山水园林，面对西方的规则式、对称式、欧氏几何的园林，原文中作者所谓天人合一的自然崇拜的哲学理念（2.1）、仿自然山水的景观类型（2.2）、诗情画意的表达形式（2.3）以及委婉含蓄的情感表达（2.8）等现代意义，该如何体现？皮之不存，毛将焉附？中国山水园林形式不仅是中华传统文化的一种表现形式，更是其人生观、价值观、世界观的空间载体。

目前，民族意识已经觉醒，民族文化正在复兴，中国古典园林作为优秀文化的组成部分，已经被越来越多的人重新意识了它的艺术价值与现实意义。“中国古典园林的现代意义”一文代表了21世纪初的最高认识水平。但是经过时代的变革，我们应该以更开放的心态重新诠释古典园林。

注：关于“中国古典园林”与“中国传统园林”二词，学术界存在争议。朱文中使用了前者，本人则使用了后者（在本人以前发表的所有文章中亦皆使用了后者）。但是，基于本次讨论的重点不在于对二词的释义或辨析，而且朱文的英文题目中对应该词的英文翻译为“Chinese Traditional Gardens”。因此，为了便于突出重点问题——六点警示的探讨，本文的“中国传统园林”一词的范畴对应于朱文中“中国古典园林”的界定，即“指以江南私家园林和北方皇家园林为代表的中国山水园林形式”。

## 参考文献


[1] 赵辰. 立面的误会：建筑 · 理论 · 历史 [M]. 北京：生活 · 读书 · 新知三联书店，2007.
[2] 曹汛.《园冶注释》疑义举析 [M]. //建筑历史与理论（第三、四辑）.南京：江苏人民出版社，1984.
[3] 刘家麒. 有关《园衍》的几个问题向孟兆祯院士请教 [J]. 风景园林，2015（8）：29-32.
[4] 朱建宁，杨云峰. 中国古典园林的现代意义 [J]. 中国园林，2005（11）：1-7.
[5] 王绍增. 论中西传统园林的不同设计方法：图面设计与时空设计 [J]. 风景园林，2006（6）：18-21.
[6] 杨滨章. 关于中国传统园林文化认知与传承的几点思考 [J]. 中国园林，2009（11）：77-80.
[7] 杜顺宝. 历史胜迹环境的再创造——绍兴柯岩石佛景点设计创作札记 [C].国际公园康乐协会亚太地区会议论文集. 杭州，1999：170-173.
[8] 董豫赣. 天堂与乐园 [M]. 北京：中国建筑工业出版社，2015.
[9] 查前舟. 中国传统园林艺术对西方园林的影响 [D]. 武汉：华中科技大学，2005.
[10] 周向频，陈枫. 矛盾与中和：宁波近代园林的变迁与特征 [J]. 华中建筑，2012（6）：19-23.
[11] 傅凡. 传统园林研究的困境与前景 [J]. 中国园林，2013（8）：54-58.
[12] 周维权. 中国古典园林史 [M]. 第三版. 北京：清华大学出版社，2008.
[13] 李正，李雄. 中国山地景观中的植物园——以北京植物园为例 [J]. 风景园林，2016（7）：64-73.
[14] 邱冰. 中国现代园林设计语言的本土化研究 [D]. 南京：南京林业大学，2010.
[15] 蒋敏红，黄慧君，朱元庆. 浅议中国古典园林中的生态设计 [J]. 中国园艺文摘，2014（4）：140-141，183.
[16] 董莳. 地理重构与情境剪辑——“空间地理”的意义构建 [D]. 杭州：中国美术学院，2011.
[17] 朱光亚，李开然. 在城市拓展中的传统园林艺术 [J]. 新建筑，2000（4）：5-8.
[18] 俞孔坚，李迪华，吉庆平. 景观与城市生态设计：概念与园林 [J]. 中国园林，2001（6）：3-4.
[19] 王鹏，赵鸣. 中国古典主义园林生态思想刍议 [J]. 风景园林，2014（3）：84-89.
[20] 吴庆洲. 中国古城防洪研究 [M]. 北京：中国建筑工业出版社，2009.
[21] 仇保兴. 海绵城市（LID）的内涵、途径与展望 [J]. 建设科技，2015（1）：12.
[22] 袁媛. 基于城市内涝防治的海绵城市建设研究 [D]. 北京：北京林业大学，2016.
[23]（宋）郭熙著. 林泉高致 [M]. 周远斌点校纂注. 济南：山东画报出版社，2010：201.
[24] 任丽娜. 园林方法实验 [D]. 北京：中国艺术研究院，2015.
[25] 吴人韦，付喜娥.“山水城市”的渊源及意义探究 [J]. 中国园林，2009（6）：39-42.
[26] 李宝章. 中国的文脉，当代的景观 [J]. 中国园林，2014（7）：124.
[27] 焦伦，蔡平，王佳. 苏州博物馆设计对中国古典园林发展的启示 [J]. 广东园林，2009（6）：5-8.
[28] 陈跃中.“当代中式”景观的探索：上海世博中国园“亩中山水”设计 [J]. 中国园林，2010（5）：42-46.
[29] 章健玲. 流动的花园 [J]. 风景园林，2011（3）：44-49.
[30] 魏闽. 中式意境，现代感受——九间堂别墅区总体及建筑单体设计的解读 [J]. 时代建筑，2006（3）：86-91.
[31] 王澍，陆文宇. 循环建造的诗意——建造一个与自然相似的世界 [J]. 时代建筑，2012（2）：66-69.
[32] 成志军.“流动空间”在江南古典园林中的应用 [J]. 中外建筑，2003（4）：49-50.
[33] 王海尔. 视错觉在古典园林中的应用探究 [D]. 上海：上海交通大学，2014.
[34] 刘滨谊. 寻找中国风景园林 [J]. 中国园林，2014（5）：23-27.
[35] 张大玉，任兰红. 从“竹园”看中国古典园林的现代诠释 [J]. 中国园林，2013（6）：59-64.
[36] 陈晶晶，田芃，田朝阳. 中国传统园林时间设计的整体空间“法式”初探 [J]. 风景园林，2015（8）：125-129.
[37] 王晓炎，毕洋洋，田朝阳. 基于现代园林设计六项原则的中西方传统园林比较研究 [J]. 浙江农业科学，2016，57

（8）：1229-1233.
[38] 陈天，陈希. 试论当代西方现代主义园林设计的思想内涵［J］. 中国园林，2004（3）：5-7.
[39] 王绍增. 关于中国风景园林的地位、属性与理论的研究［J］. 中国园林，2014（5）：15-22.
[40] 冯艳，田芃，田朝阳. 中国传统园林的分形几何美学——对西方欧式几何美学的反叛［J］. 华中建筑，2016（6）：11-15.
[41]（日）芦原义信. 外部空间设计［M］. 尹培桐译. 北京：中国建筑工业出版社，1985.
[42] 青年风景园林师座谈会［J］. 中国园林，2008（6）：58-68.
[43] 林箐. 传统与现代之间［J］. 中国园林，2006（10）：70-79.

# 第四讲
# 中西方古典园林的
# 几何形式、透视方法与哲学基础比较

## 四、中西方园林几何形式、透视法与自然的认知观比较分析

（原文载于《南方建筑》，2017年第2期，作者：闫佩佩，李雪，田芃，田朝阳）

**本节要义**：基于欧氏几何与分形几何的不同透视观法的分析可以看出，几何形式与透视观法存在必然联系：西方古典园林因欧氏几何形构图制造了静止的空间而采用定点透视的观法；中国古典园林因分形几何构图制造了动态的空间而采用动点透视的观法。欧氏几何与定点透视的观法浑然一体，分形几何与动点透视的观法浑然一体，发展出两套截然不同的美学体系。认知论决定了方法论，中西方园林几何形式与观法的不同根源在于自然观的不同；西方是控制自然从而简化自然，中国是尊重自然从而模拟自然。
**关键词**：欧氏几何；分形几何；透视法；自然观

古代希腊数学家欧几里得创始了几何学，简称欧氏几何。1482年欧几里得几何学从阿拉伯语译成拉丁语，带给设计师们对黄金分割的几何学理解。圆、方、比例和几何图案被使用在设计中，透视用来统一绘画和建造项目，用来将建筑和园林连为整体[1]。1975年，美籍法国数学家曼德勃罗特首次提出“分形”（Fractal）一词，并于1977年出版第一本著作《分形：形态，偶然性和维数》（Fractal：Form，Chance and Dimension），标志着分形理论的正式诞生[2]。有学者证实中国园林运用了分形几何[3]。

## 1 数学中的几何与透视

欧氏几何与分形几何是人对世界认知的产物，透视是观察世界的观法。二者之间的关系如何呢？图1中方、圆、三角形的欧氏几何形是从沃-勒-维贡特庄园中抽取的，分形是从退思园中抽取的。从*a*点用定点透视的角度看方形（图2），基于完形理论[4]，我们能感知到全貌。同样的方法看分形（图3），由于透视的原理，整体形状感知不到。换用动点透视看方形（图2），*a*、*b*、*c*、*d*四个点感知到相同的全貌，动点透视就显得不必要了。动点透视运用到分形上（图3），通过移动*a*、*b*、*c*、*d*四个点让我们感知到分形的全貌。事实上，几何多以体块的形式运用于园林中，将几何形生成几何体（图4），从*a*点用定点透视来看，我们能感知到欧氏几何

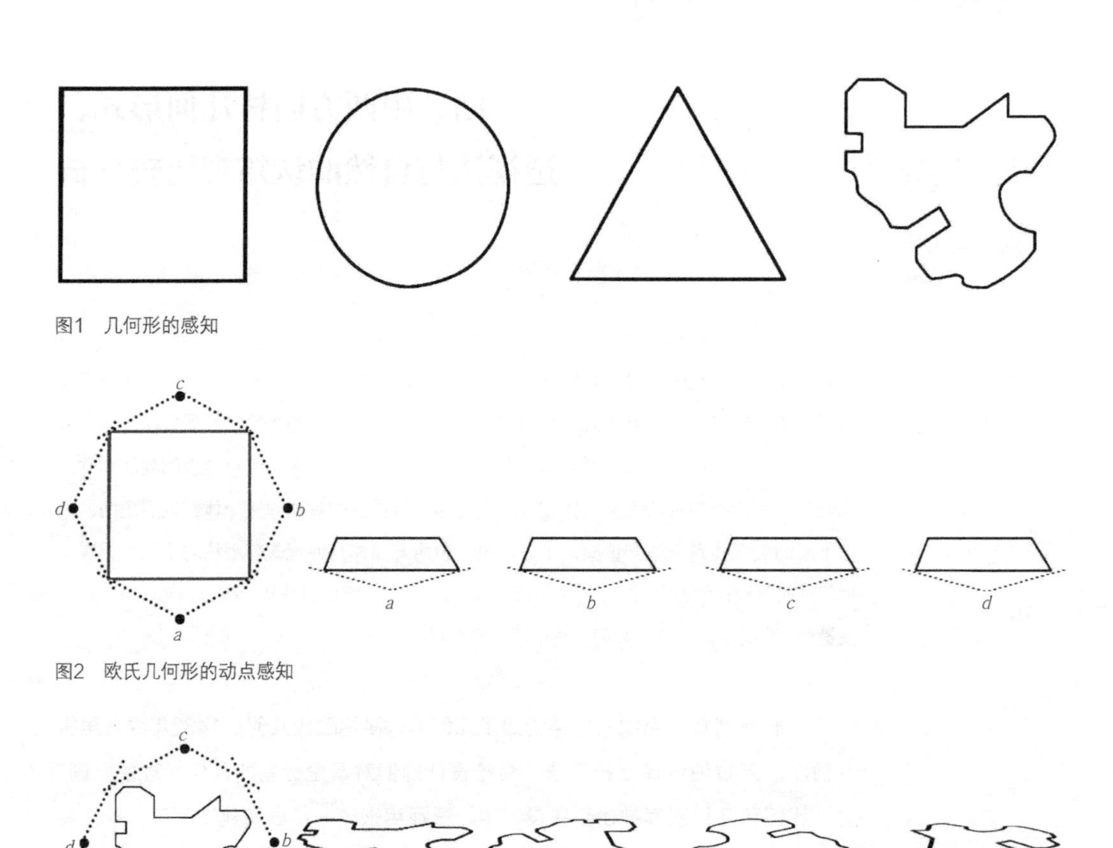


图1 几何形的感知

图2 欧氏几何形的动点感知

图3 分形几何形的动点感知

体的被遮挡面，感知不到分形体的被遮挡面。换用动点透视看，欧氏几何的每个动点都能感知到整体（图5），而分形从*a*点到*f*点的整合正是全貌（图6）。

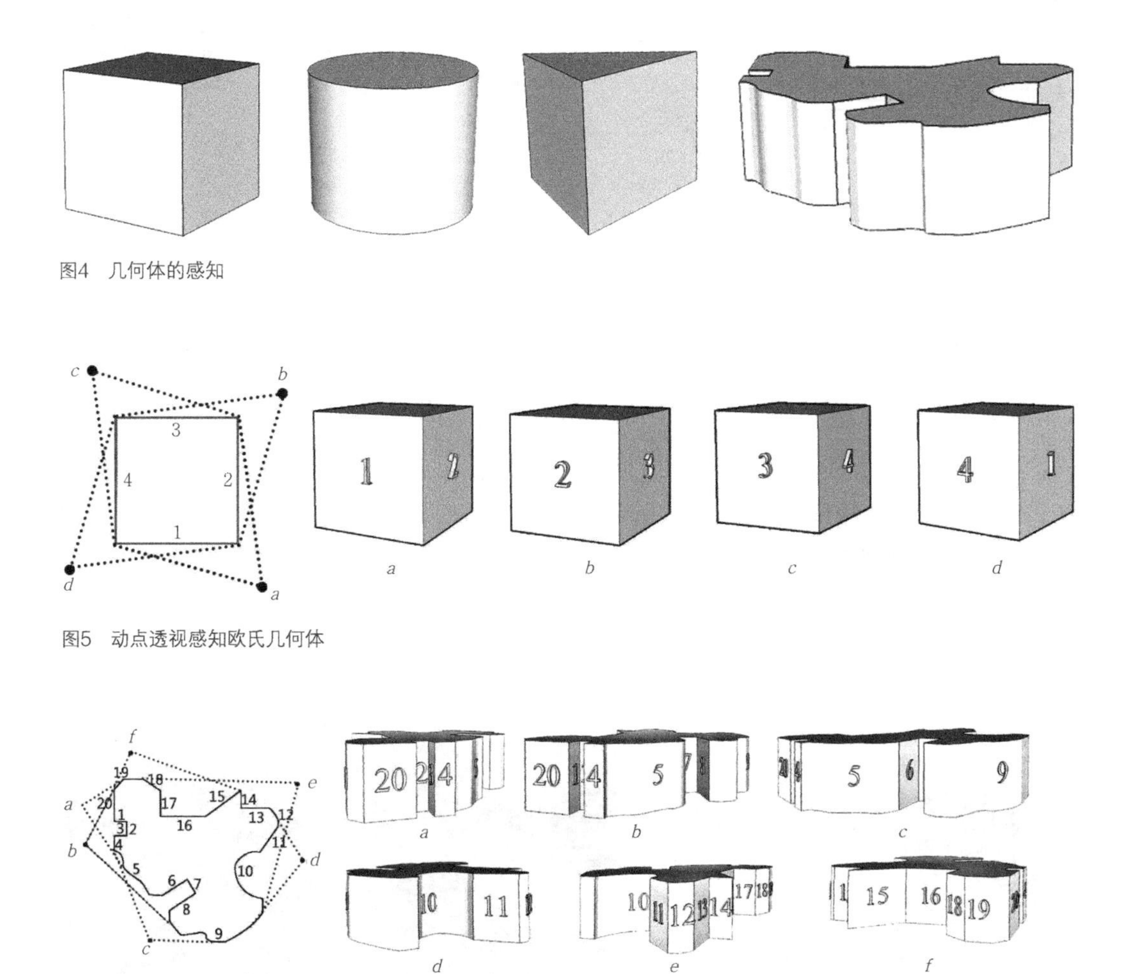


图4　几何体的感知

图5　动点透视感知欧氏几何体

图6　动点透视感知分形几何体

## 2　园林中的几何与透视

几何在园林平面中的表现形式是构图。本人（2014）曾对中西方园林的单元结构模式作了详细的分析（图7）。西方古典园林分割形体成规则形，抛弃了曲线、弧线、不对称形式、任意角等。中国古典园林延续了曲线、不对称形式、弧线、折线等。中西方古典园林选用了不同的线型，闭合后构成不同的几何形，要展现每个几何形的视觉效果，就需要采用不同的透视手段。

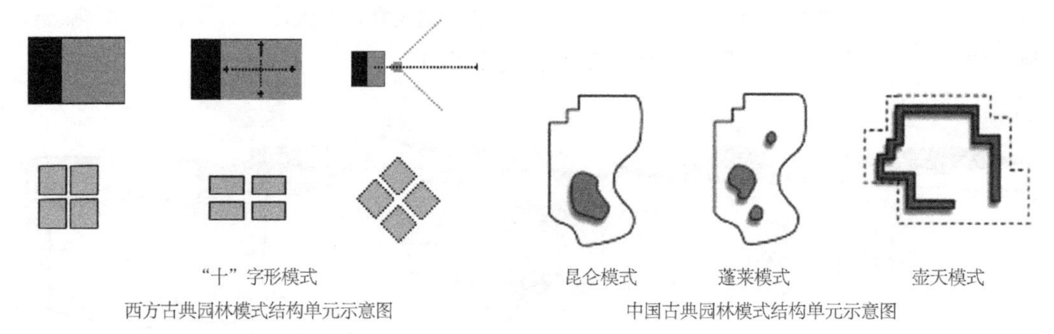


图7 世界古典园林模式结构单元类型[5]

### 2.1 西方古典园林中的构图与透视

1482年欧几里得几何学被译成拉丁语后，园林被几何学驯化，并纳入一种人工化的规则与秩序之中[1]。西方设计者就把几何图案、比例使用在设计中，园林构图被充分地几何化，成为一个主次分明、条理清晰的几何网络。以沃-勒-维贡特庄园为例，建筑统领整个花园，以此俯瞰全园，高度的统一性和规整性尽收眼底（图8）。定点透视成了将几何化的建筑与园林融为一体的观法。几何的图案、对称的布局、轴线的构图需要一个主导的视点，即所谓定点透视中的"定点（视点）"，在此定点——不需要绕着庄园行走，就可以看到全貌。

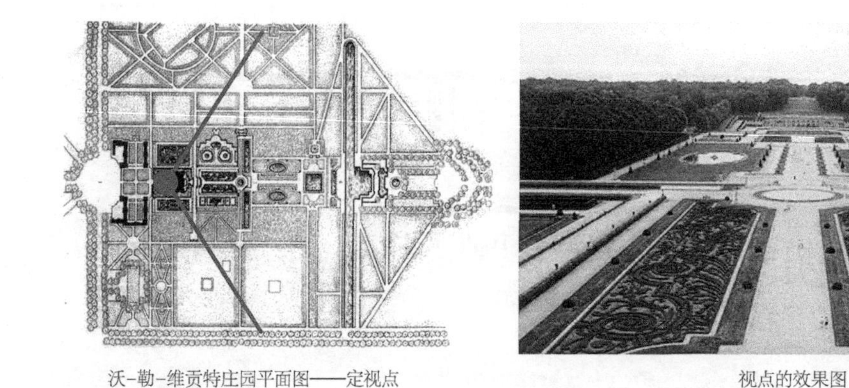


图8 沃-勒-维贡特庄园（右图引自http://blog.sina.com.cn/s/blog_485e26df010005g5.html）

### 2.2 中国古典园林中的构图与透视

分形理论的诞生为师法自然的艺术设计提供了科学的几何学基础。在步移景异的中国古典园林中，欧氏几何空间系统模式限制了观察者的视野[6]。中国古典园林中的布局是分形，没有轴线与对称。以拙政园为例，平面图上可以看出全园呈分形，地形、建筑边界、路径、水系都是分形同构（图9）。在任何制高点上都看不到全景，正如布鲁诺·赛维说过："（中国园林）不存在一个能够看到全景的点，想了解全貌，你必须绕着它行走；由此产生了运动，产生了时间"[7]。换言之，只有动点透视才能观察全貌。

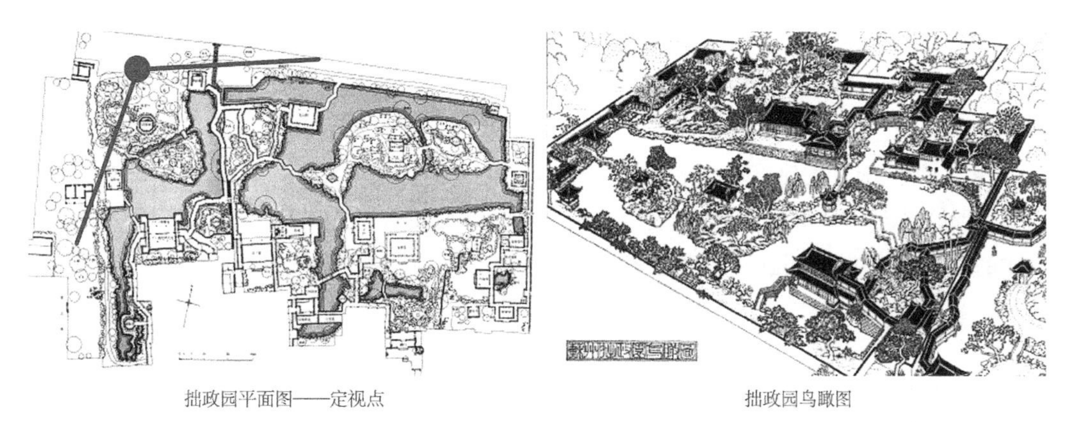

拙政园平面图——定视点　　　　拙政园鸟瞰图

图9　拙政园
（资料来源：右图引自周杰《和而不同——中西园林景观设计思想的解析》）

## 3　基于几何形的园林要素形状的对比

西方古典园林中无论是建筑、水、植物、雕塑，都是以欧氏几何的形态作为景观节点进入人们视野的（图10）。中国古典园林的观赏对象表面上是建筑、水、植物、山，本质上是其自然分形形态营造的空间（图11）。

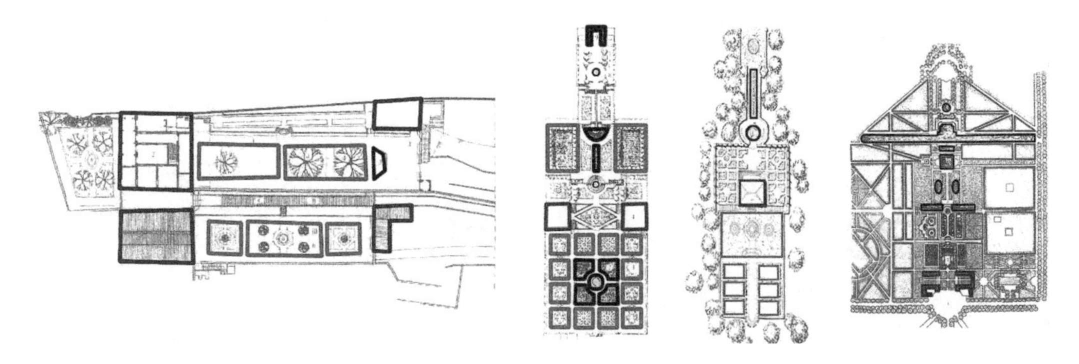

图10　西方造园组成要素的欧氏几何形

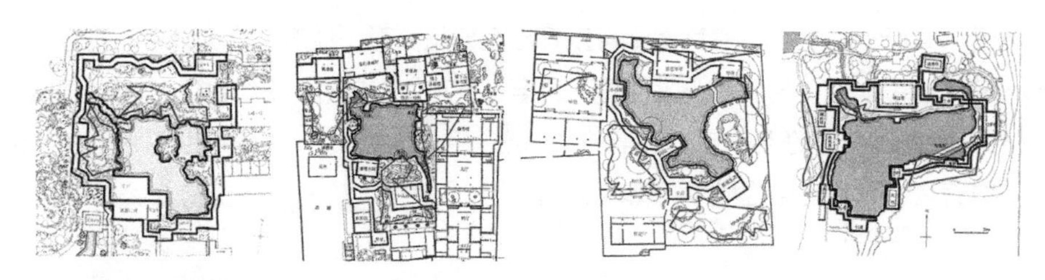

图11　中国造园组成要素的分形

## 3.1　建筑

西方古典园林中的建筑起着统率作用，坐落在主轴线上或对称的两侧，都有一张精美的欧氏几何形的“脸蛋”(face)向人们展示自己的风采，也就是主立面(facade)[8]。中国古典园林中的建筑依山傍水，“举折”与“起翘”所双重加深的屋顶反曲，全然不可能发展出“facade”这种东西[9~11](图12左)。

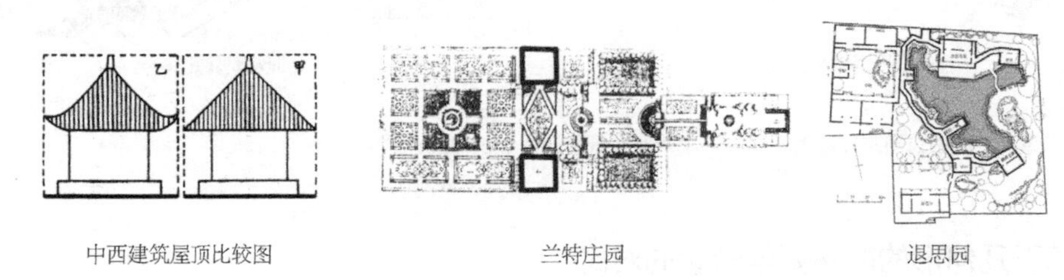


中西建筑屋顶比较图　　兰特庄园　　退思园

图12　中西方园林建筑的基本形(左图引自伊东忠太《中国建筑史》)

## 3.2　水体

水本无形，随池赋形。从文艺复兴开始，西方以欧氏几何为基础设计水池的形态，坐落在主、次轴线上或主、次轴线两侧，对称、均衡地排列。自然中没有直线[12]，中国古典园林的建造是“模山范水”，取自然之曲折运用其中，形成蜿蜒曲折、收放自如的分形(图13)。

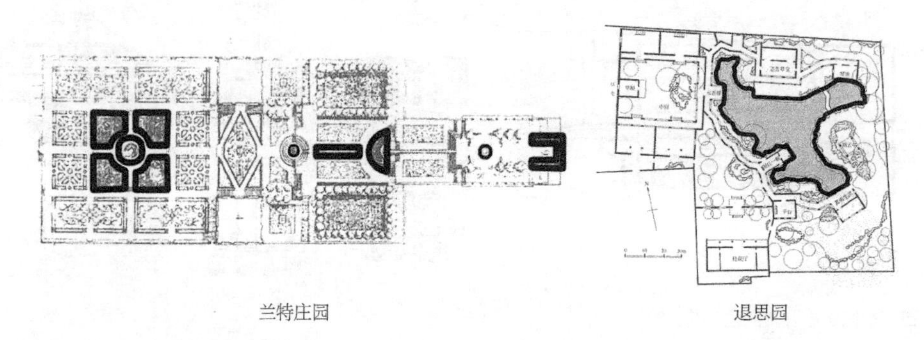

兰特庄园　　退思园

图13　中西方园林水体的基本形

### 3.3 植物

文艺复兴早期园林，植物的种植以方形种植床为基准，具有统一性、秩序性和规则性。后期的植物规律地种植成林荫道、绿墙和花坛等，延续了欧氏几何的基本形。单株修剪为几何形。“梅以曲为美，直则无姿”，这是中国人对梅的认知。同样，在中国古典园林中的植物种植也追随这个认知。若孤植，以曲为主；若丛植，忌规则求自然，拒绝居中、对称形式（图14）。

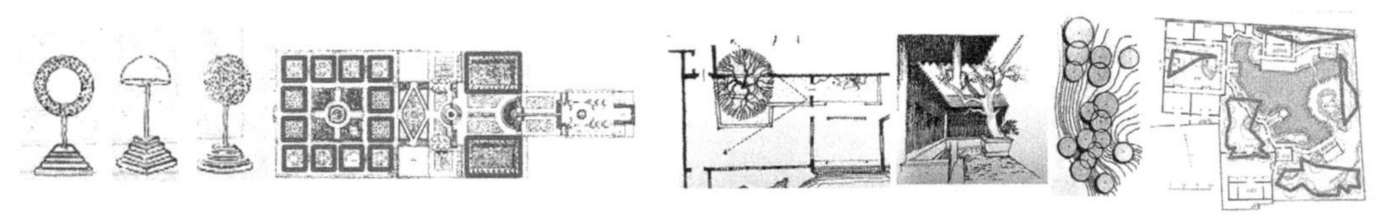

树木雕刻的类型（克里斯普）[13]兰特庄园　孤植平面　孤植效果　丛植求自然[14]　退思园

图14　中西方园林植物的基本形

### 3.4 山与雕塑

西方的雕塑多放置在主轴线上，作为景观展示，其基座呈圆、方等基本的欧氏几何形，与西方建筑一样，都有一个主立面，对应观赏者的最佳视点（图15左）。中国假山与西方雕塑的最大区别是没有主立面。“横看成岭侧成峰，远近高低各不同”与吴彬的《十面灵璧图》[15]足以证明山没有主立面，可以延伸出无穷多个景，视角每变化一点，就会引起景色的陡变。

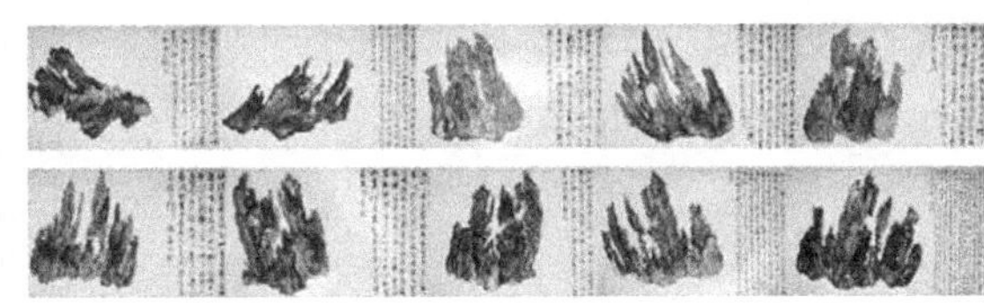

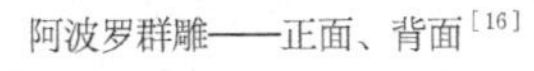

阿波罗群雕——正面、背面[16]　吴彬的《十面灵璧图》[15]

图15　中西方园林山与雕塑的基本形

## 4 自然认知观

无穷多样的一切存在物就是自然[17]。它有无穷多个图样，如橘子、树叶、山体、海岸线、细胞等，这些图样的外形或正投影，有规则与不规则之分。中西方人都是生活在自然中，取材于自然，但对自然界的不同认识产生了不同的自然认知观，自然认知观的差异正是反映了他们造园的差异。

### 4.1 西方人的自然认知观

西方人文化起源之一的希腊文化，具有明显的几何学性质[18]。西方人视自然为上帝的造物，且从上帝那里获得了驾驭自然、征服自然的权力。西方的园林采用“机械”的欧氏几何，运用了对称、平衡、对比、轴线、尺度、比例等艺术法则。与其说自然在这里得到了提炼，不如说自然受到了整形与歪曲。

### 4.2 中国人的自然认知观

老子《道德经》中透露出中国人根本的自然观，“人法地，地法天，天法道，道法自然”。中国人心目中的自然位于这一体系的最高层次。中国人视自然为万物的本源，采取了敬畏与呵护的态度，其核心设计哲学是“尊重自然，师法自然”。中国古典园林中对自然美的认知和对分形理论的无意识运用长达数千年[3]，自然在这里得到了提炼，运用了比象、呼应、转折、迂曲、因借、衬托、步移景异、对景借景等艺术法则。

## 5 结语

在人们认识自然和改造自然的过程中，认知论决定了方法论。西方出于对自然的恐惧、对立、隔离认知（因而需要征服），采用了简化自然的欧氏几何方法论和静止观察的定点透视；中国出于对自然的偏爱、尊崇、融入认知（因而需要师法），采用了师法自然的分形几何方法论和动点观察的动点透视。

西方用欧氏几何造园，采用定点透视的观法能更充分地展现它的理性美学法则；中国用分形几何造园，采用动点透视的观法能更充分地展现它的奥妙之处。欧氏几何与定点透视的观法合为一体，得出一套美学体系；分形几何与动点透视的观法合为一体，得出另一套美学体系，这两个体系不能混为一谈。

可悲的是，20世纪80年代，基于欧氏几何的平面构成教学传入中国高校，中国的设计师开始跟风学习，一味地运用西方造园体系。殊不知，这两套体系反映了两种自然观。自然界不存在等高线为欧氏几何图形的场地，将场地欧氏几何化，是对自然地形的无视，是对自然的破坏；正是这种做法，为推土机铲平自然地形提供了施工图纸。

可喜的是，花港观鱼公园、方塔园、紫竹院公园、陶然亭公园、太子湾公园、四盒园、竹园等，并没有使用欧氏几何、定点透视，依然成为优秀的中国现代造园的设计典范。我们有必要基于对自然的尊重，总结、建立属于中国自己的一套图形语汇、构成理论、价值体系，用于中国现代风景园林实践，让中国的大地上铺满属于中国特色的园林。

## 参考文献

[1]（英）特纳．世界园林史［M］．北京：中国林业出版社，2011.
[2] 张济忠．分形［M］．北京：清华大学出版社，2011：Ⅷ.
[3] 田朝阳，陈晶晶．中国园林的分形同构［J］．华南理工大学学报，2015（4）：1232-1235.
[4]（美）鲁道夫·阿恩海姆．艺术与视知觉［M］．成都：四川人民出版社，1998.
[5] 田朝阳．基于神话传说的中西方古典园林结构“法式”探讨［J］．北京林业大学学报，2014（1）：51-57.
[6] 吴家骅．景观形态学［M］．北京：中国建筑工业出版社，1999：294-296.
[7]（意）布鲁诺·赛维．现代建筑语言［M］．北京：中国建筑工业出版社，2005：34.
[8] 赵辰．立面的误会［J］．读书，2007（2）：129-136.
[9]（日）伊东忠太，陈清泉．中国建筑史［M］．上海：上海书店，1984：48-51.
[10] 董豫赣．触类旁通 化境八章（六）［J］．时代建筑，2009（3）：112-117.
[11] 林玉莲．环境心理学［M］．北京：中国建筑工业出版社，2006.
[12]（日）针之谷钟吉．西方造园变迁史［M］．北京：中国建筑工业出版社，1991：59.
[13] 彭一刚．中国古典园林分析［M］．北京：中国建筑工业出版社，1986：92-102.
[14] 王欣．假山实际上就是中国人的建筑学 | 三远与三远的变异（下）［EB/OL］，2015-09-26．https://www.douban.com/note/518672795/.
[15] 郦芷若，朱建宁．西方园林［M］．郑州：河南科学技术出版社，1985：203.
[16] 冯钟平．中国大百科全书［M］．北京：清华大学出版社，1985.
[17] 王贵祥．中西文化中自然观比较（上）［J］．重庆建筑，2002（1）：53-55.
[18] 李海英．中国古典园林的分形美研究［D］．哈尔滨：东北林业大学，2008.

# 第五讲
# 中国古典园林及园林建筑的现代性

## 五、现代园林的中国芯
## ——基于现代园林六项原则的
## 中西方古典园林比较分析

（原文载于《华中建筑》，2016年第12期，作者：苏芳，王晓炎，田朝阳，题目有所改动）

本节要义：现代主义园林是一次深刻的园林思想解放运动，马克·特雷布反古典园林的六项原则是对现代园林特征的高度概括。对比分析发现，中国传统园林思想解放、形式自由，几乎体现了现代园林的全部六项原则，具有超越其时代的现代“芯”。根据时间次序判断，中国传统园林是西方现代园林的历史模板，西方现代园林具有中国传统园林的现代“芯”。抛弃其具象的材料、色彩和形式等表层符号，中国传统园林空间的现代“芯”正是值得传承的民族精华。

关键词：现代园林；六项原则；中国传统园林；现代性

中国古典园林是否具有现代性是决定其能否传承的关键。

园林是空间的艺术，其品质包括可见的空间表象特征和隐藏的空间深层特质。园林艺术的表象特征是可见的空间界面特征，是园林的皮毛，是相对易变的，包括具象的月亮门、花格窗、亭台楼阁、人造假山、小桥流水人家等形式符号特征，浓妆淡抹总相宜的色彩符号特征以及木材、湖石、梅花、松树等材料符号特征。然而，随着时代的变迁，这些表象特征已经无法适应现代园林的发展。

园林艺术的深层特质是隐藏的空间深层特征，是园林空间艺术的精髓，是相对永恒的，是我们应该传承的精华。本文试图对比西方现代园林的标准，解读中国古典园林空间的精髓——现代性，为中国园林的现代化提供理论依据。

## 1 现代园林及设计原则

现代园林诞生于20世纪30年代的美国，其代表人物是托马斯·丘奇和“哈佛三杰”，代表作品是“加州花园”风格[1]。此后，西方现代园林以迥然不同于西方古典园林和自然式园林的全新的形式风靡世界，成为一种国际主义景观语言。半个世纪之后的1992年，当代美国著名的景观和建筑设计理论家马克·特雷布在总结前人关于现代园林特征的基础上，提出了现代园林设计的六大原则：①对历史传统形式的否定；②对于空间而不是图案的关注；③景观是为人而设计的；④消除轴线体系；⑤植物不是构成图案的工具而是构成空间的材料；⑥景观与建筑整体化[2]。该设计原则是对现代园林深层空间精髓的高度概括。

## 2 基于现代园林设计原则的中西方古典园林比较

### 2.1 对历史传统的否定

西方现代园林反对新古典主义和自然主义，拒绝先决的空间形式，强调与场地特征结合。新古典主义园林是指规则式的园林。西方园林多用直线、斜线，将场地切割成规则形式。田朝阳等人提出“十”字形结构作为西方园林的基本结构单元（图1）[3]，在其各个历史时期的各种类型中，都必不可少[4]。这种预先设定的形式，兼具中心对称和轴线对称的结构特征，既决定了中心结构的规则性，又限定了边界形态的规则性，极大地限制了与变化多样的现实场地形态的结合，使场地失去了本身的独特性，遭到现代园林的抛弃和批判。

明代《园冶》提出“园基不拘方向，地势自有高低”、“构园无格”、“得景随形”等“师法自然”的设计理念[5]，用曲线、折线实现了与自然场地的有机结合。晚明以后方池减少而曲折水池成为主流[6]。“一池一山”、“一池三岛”和“围合+豁口”的结构模式（图2），中心结构和边界形态均不具限定性，可以适应任何复杂形态的场地[3]。

自然主义是指标准的S线，这种线频繁地出现在西方自然式园林中。现代园林反对规律变化的S曲线，因为它们不存在于自然界。中国古典园林中，除了直线和曲线外，计成反叛地从旧有的90° 直角折线中，创造出一种新的线型——“之”字形折线（图3），“古之曲廊，俱曲尺曲。今予所构曲库，之字曲者，随形而育，依势而曲 ”[5]。“之”字折线“或蟠山腰，或穷水际，通花渡壑，蜿蜒无尽”，向着不同景物的不同位置发生两可甚至多可的转折[7]，为古典园林不拘一格的曲折无尽起到了重要的作用。托马斯·丘奇成功地将直线、阿米巴曲线和锯齿折

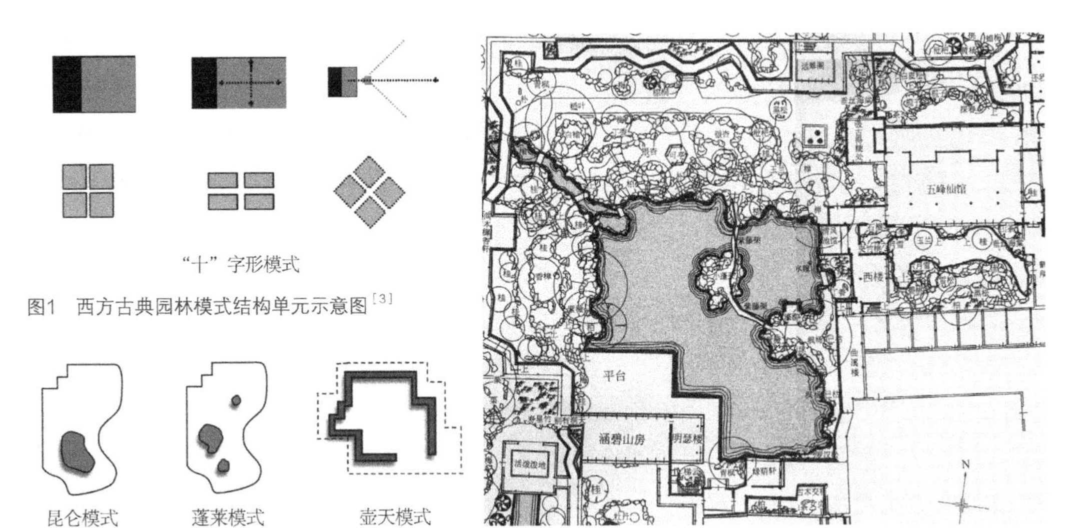


图1　西方古典园林模式结构单元示意图[3]

图2　中国古典园林模式结构单元示意图[3]

图3　留园中部的折线

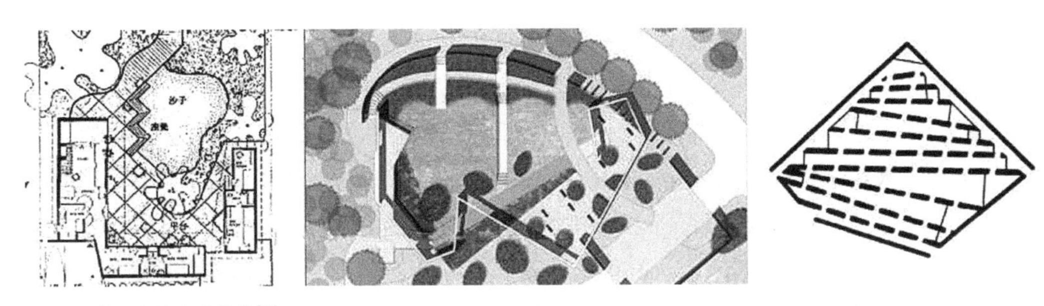

图4　现代园林的各类折线[8]

线融合在一起[8]，被誉为"第一位伟大的现代主义设计师"（图4左），其他现代园林更是把折线发挥到了极致（图4中、右）。

2.2　对于空间而不是图案的关注

受现代建筑的影响，现代园林也把空间作为设计的核心，并追求空间的动态性。

西方古典园林以"图案设计"著称，即在地面上以制造图形为出发点，以建筑、花坛、花园等规则式"图形"为创作目的[9]，追求单纯的、静态的视觉效果（图5）[10]。其空间是以"空间型"为特征，重视的是空间形态的构成以及构成要素[11]，三维感极弱，导致在空中看到的和在平面中的几乎吻合。

中国古典园林没有图案，而是把空间诠释得淋漓尽致。现代园林中众多的空间概念，如流动空间、灰空间、共享空间、旷奥空间、无限维空间等，均可在我国古典园林实践中得到印证。当密斯提出流动空间设计时，中国古典园林却早已实现了时间设计。不仅通过大量的漏窗和门洞，以及山石、植物的掩映，使得空间既相互连接又相互渗透，而且创造了独特的实现时间设计的五种空间模式语言，即复合形边界、中心水域、中心有物、占角建筑和复合形循环路径[12]，正像意大利建筑理论家布鲁诺·赛维所言："不存在一个能够看到全景的点，想了解全貌，你必须绕着它行走，由此产生了运动，产生了时间"[13]。黑川纪章的灰空间，其原型无疑是中国古典园林中的"廊"。廊完成了室内外联系的过渡，使庭院空间摆脱了呆板、生硬。丹·凯利的成名作米勒花园，巧妙地利用两排高大、挺拔的稻子豆树形成的灰空间，完成了花园中空旷的草坪空间与围合的建筑空间的过渡。波特曼的共享空间，与古典园林中的庭院空间极其相似。与西方寸草不生的封闭式庭院不同，中国庭院由向内开敞的建筑相互围合，加之植物的介入，为庭院注入了自然精神的实景意象[14]。槙文彦提出的旷奥空间，就是中国古典园林中惯用的开合对比。王庭蕙提出中国园林中的无限维空间，并指出翻阅西方关于空间的各种概念，90%的内容都可以在我国园林中找到[15]。

2.3　景观是为人设计的

现代园林强调以人为本的设计思想，埃克博提出"（设计师们的）努力最终形成的并不是巨大的空间和华美的界面，而是人们能够在其中生活和发展的场所。"[2]

首先，西方古典园林大尺度的平面图案设计和巨大的园林建筑，使景观沦为纯粹的"鸟瞰"而不是"人观"的装饰品，蔑视人的存在（见图5），难怪连路易十四本人也经常躲进小特里阿侬内独享其乐[16]。其次，基于定点透视原理，其静态的空间与人们喜欢在动态景观中体验丰富多变的空间感受的人性需求背道而驰。第三，其宫廷建筑和神庙建筑作为政治、宗教的附属品，除少数亭、桥之外几乎没有实用性的功能，只是作为象征性的视觉装饰和为神服务的景观。最后，其强烈人工化的形式，违背了人们亲近自然的精神本性。

中国古典园林营造了宜人的自然环境，把人性的需求落到实处。首先，中国古典园林及其中的园林建筑尺度宜人，即使是皇家园林，也多采取"园中园"的方式和宅园分离的形式，将巨大的空间化整为零，将建筑分解成体量宜人的多个单体建筑，使园林变成可以亲近的尺度。其次，基于步移景异的散点透视园林，采用了分形几何构图[17]，营造了"山重水复疑无路，柳暗花明又一村"的动态景观，丰富了人们的体验。第三，古典园林尤其江南私家园林，建筑虽多，形态各异、位置多变、各具功能，有助于实现"可行、可望、可游、可居"的境界，是当时人们园居生活场景的真实再现，绝无矫揉造作的装饰感、突兀感，而且神庙建筑在为人服务的园林中没有出现（除了专门为神服务的寺观园林），充分体现了以人为本的精神。最后，中国古典园林是对真实自然的写意模拟，实现了人与自然的身体与精神的对话。

图5　西方园林的“十”字形轴线体系、非人的尺度和各类图案[10]

2.4　消除轴线体系

现代园林抛弃轴线的应用，不保留任何对称的轴线结构。西方古典园林一直沿袭下来的中心对称和轴线对称的特征，与定点透视不无关系，通过选择一条或者两条轴线并且给定一个视点来发展一幅画面，逐渐丧失进行创新的可能和机会（见图5）。现代园林摒弃了轴线体系，消除了任何静止、平衡、谨慎的条条框框，中心不再是实质的存在，自由平面的现代主义景观与现代主义建筑一样中心缺位，轴线消失（见图4左）[18]。

出于动观的考虑和分形几何的构图（图6），中国古典园林几乎没有轴线，无论是园林整体布局还是园林建筑群体布局都讲究自然的秩序，追求有机的均衡，而不是机械的对称。即使是对景的处理，也多采取斜对、偏对、互对而非正对（图7）。曲折的道路以及游廊的运用形成了自由变换的动态构图，符合相辅相成的拓扑几何的构图原理[19, 20]（图8）。皇家园林的园林部分也无轴线，只有各类神坛园林及寺观园林布局多采用轴线体系。

2.5　植物是构成空间的工具而不是构成图案的材料

亚历山大在《建筑模式语言》一书中指出：“只有当人们认识到树木创造空间的能力时，他们才会感到树木的真正存在价值和意义。”[21]在古代，无论是较早时期的独乐园中的钓鱼庵和采药庵，还是后来比较常见的“桧柏亭”，都完全由竹子或桧柏树绑扎形成“亭”，利用植物形成了场所空间，同时也是园林种植的一部分，将植物的作用发挥到最大化（图9）[22]。中国古典园林植物构成了流动空间，增强了园林空间的模糊性，丰富了空间层次（图10、图11）[23]。

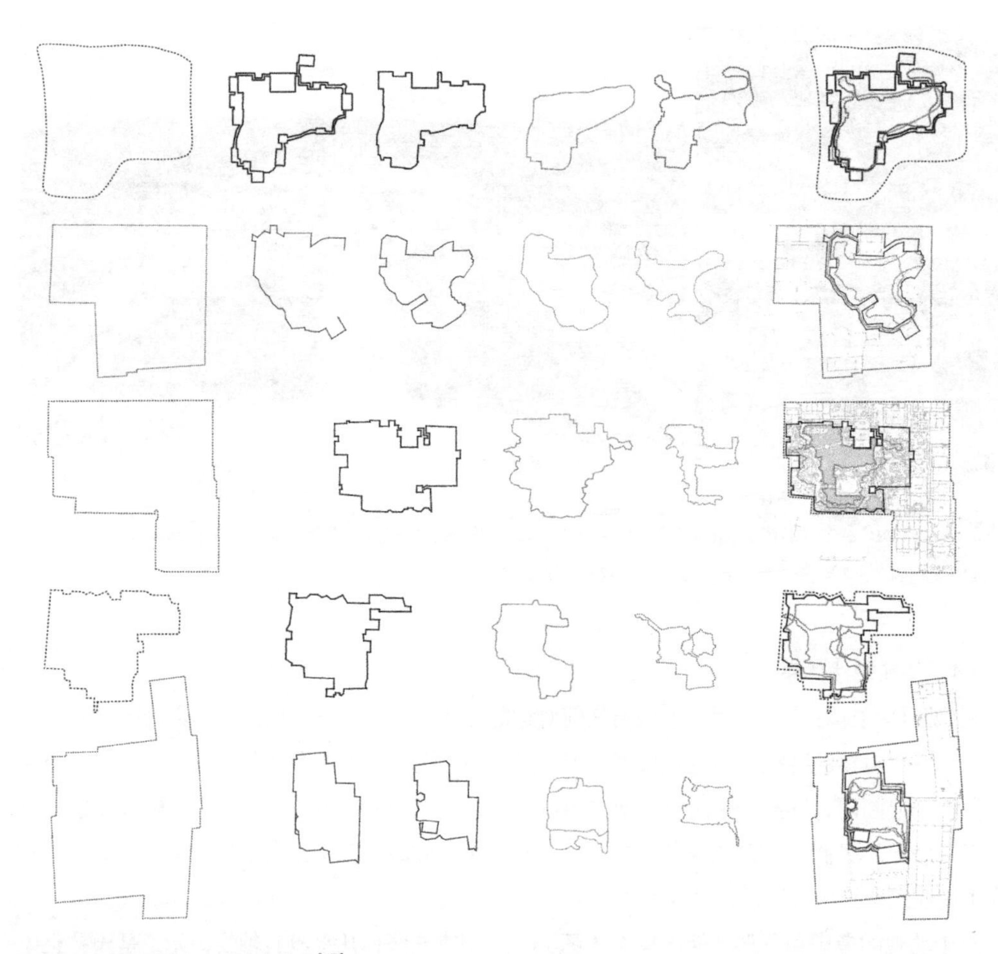

图6　中国古典园林的分形同构体系[17]

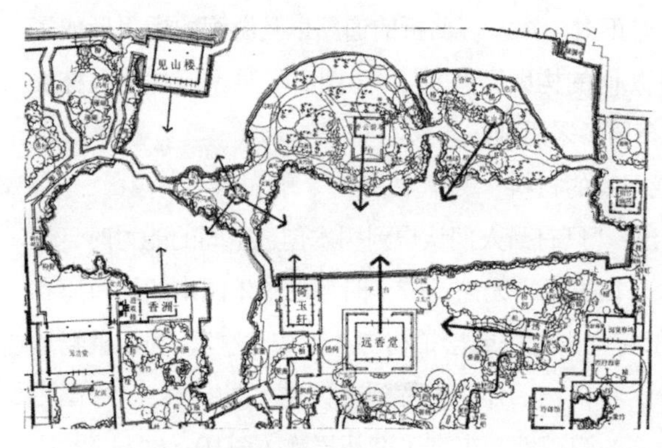


图7　中国古典园林的非轴线对称体系

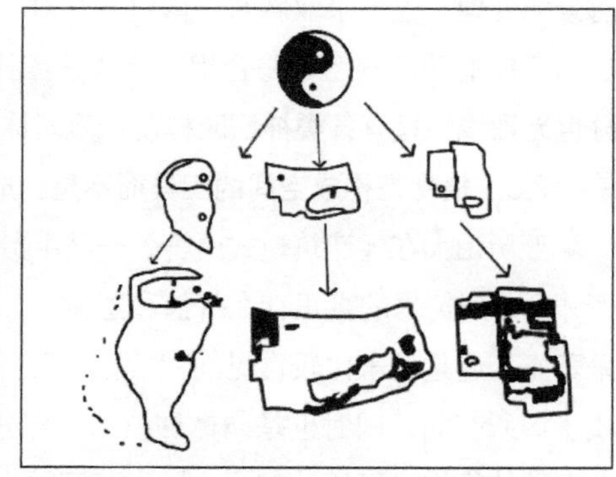

图8　中国古典园林的拓扑构图体系

有人批评说中国江南园林建筑堆砌太多，岂不知在多雨的江南，古典园林建筑可以看作是植物建筑化的化身。一棵树就是一个亭，四棵树就是一个榭，两排树就是一个廊[24]，为人们提供了融入自然而又遮风避雨的立足点（图12）[25]。

西方古典园林的图面设计以在地面上制造图形为出发点，植物成了制作地面（平面）而非空间的几何图案的材料。几何化的修剪、规则的种植，使本来就空旷的巨大场地缺乏围合，不适宜人的停留（见图5）。

图9　仇英《独乐园图》局部
（资料来源：www.cxtuku.com）

图10　自然界植物形成的模糊空间[23]

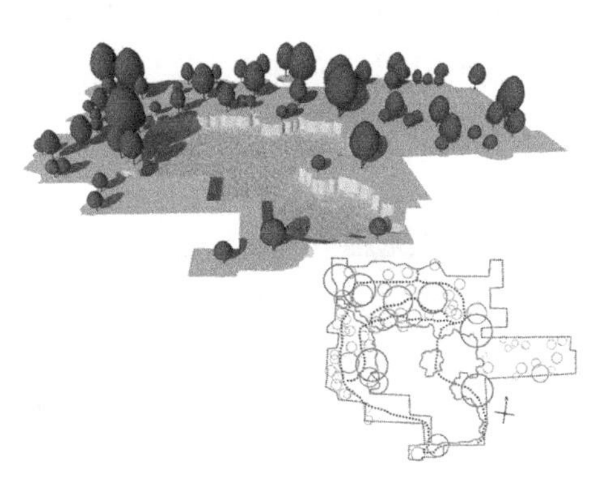
图11　留园中部等园林植物构成的模糊空间

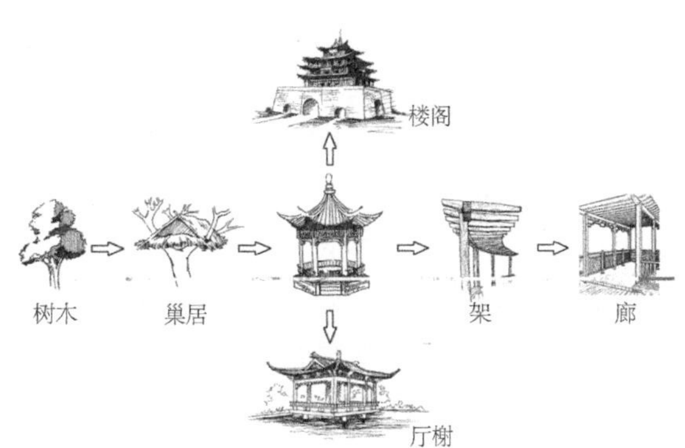

图12　中国江南园林植物的建筑化示意

## 2.6　景观与建筑一体化

除少数体量较小的园亭、廊架外，西方园林建筑巨大的体量和单体分布，在其园林中极其突兀，与其说主体建筑是在控制着园林轴线，不如说是对抗着自然。如何实现规则的建筑与周围自然景观的过渡与结合，一直是困扰西方园林师的难题。他们试图通过在建筑周围设计一系列规则的“十”字形花坛来解决问题，然而平面尺度巨大而又十分低矮的图案反而使空间更加空旷，使主体建筑更加突兀。

而中国古典园林建筑实现了功能分解，将多种功能分解到单体建筑中去。各个单体建筑体量较小，形态各异，既不高于周边树木，又易于与周边自然要素的不规则形态相结合。加上不规则路径的连接，使建筑融入园林之中，各得其所，相得益彰。

## 3 结语

现代主义园林是一次深刻的园林思想解放运动，六项原则是这一运动的集中反映，摒弃了西方古典园林的缺陷，成就了西方园林空间的革命，使之成为风靡世界的国际主义流行模式。但是，关于这六项原则的来源，马克·特雷布大谈西方景观大师的贡献，几乎不提来自中国古典园林的影响。然而，事实果真如此吗？

通过对比分析不难看出，与西方古典园林相比，中国古典园林空间思想解放、形式自由，同六项原则所倡导的现代园林具有更大的相似性。而且根据时间次序和历史上西方对中国园林的移植、模仿的无限崇拜来判断，中国古典园林无疑是西方现代园林的历史模板。作为现代景观的奠基人之一的克里斯托弗·唐纳德，于1938年出版的现代主义最重要的著作《现代景观中的园林》一书中将日本园林的手法作为现代派园林的三种方法之一，东方园林对西方现代园林的影响力由此可见一斑，而中国作为东方园林的主要体系并对日本园林产生过影响，在其中发挥了一定的作用[26]。如果抛弃其中代表时间特征的具象的材料符号、色彩符号、形式符号和文化符号等表层符号，西方现代园林空间的内核就是中国古典园林空间的现代“芯”。俞昌斌教授在对中国古典园林现代化的理论和设计探索总结时，也将其书名定为《源于中国的现代景观设计——空间营造》[27]。

刘禾曾论述过“超级符号”的概念。“超级符号”虽然表面上是属于某种语言体系的，实际其语汇的意义却是与另外一种语言体系分不开的。很多中文园林词汇（比如sharadwadgi和各类园林建筑）在经过异国语言的解释之后，便处于一种跨文化的地位。超级符号的一个特点是，其中异国语言的痕迹最后会消失，变得完全本土化。或许我们可以认为，在20世纪初期“现代园林”即是一种“超级符号”，而后来，西方“现代园林”已被全世界看成是完全西方的“洋货”。从某种角度，我们可以说，在20世纪的西方学术界，有些历史学家确实也在致力于文化“精炼”的任务，即将历史上非西方文化的因素都清除掉。这种任务正是文化政治的一个关键手段[28]，误导大量缺乏专业历史鉴别慧眼的普通国人、甚至专业人士盲目崇洋媚外。

正是基于这样的考虑，或许我们将本文的题目改为“西方现代园林空间的中国‘芯’”更为贴切，去伪存真，正本清源。

## 参考文献

[1] 王向荣，林菁. 西方现代景观设计的理论与实践［M］. 北京：中国建筑工业出版社，2002.
[2]（美）马克·特雷布. 现代景观：一次批判性的回顾［M］. 丁力扬译. 北京：中国建筑工业出版社，2008.
[3] 田朝阳. 基于神话传说的中西方古典园林结构“法式”探讨［J］. 北京林业大学学报（社会科学版），2014，13（1）：51-57.
[4]（英）Tom Turner著. 世界园林史［M］. 林菁等译. 北京：中国林业出版社，2011.
[5] 计成著. 园冶［M］. 陈植注释. 第二版. 北京：中国建筑工业出版社，1998.
[6] 童明，董豫赣，葛明等编. 园林与建筑［M］. 北京：中国水利水电出版社，知识产权出版社，2009.
[7] 董豫赣. 模棱两可·化境八章（三）［J］. 时代建筑，2008（6）：78-83.
[8] 田朝阳. 基于线形分析的东西方园林解读［J］. 中国园林，2015，31（1）：94-100.
[9] 田朝阳，连雅芳. 西方传统与现代设计理论与方法的反思［J］. 中国园林，2014（7）：28-31.
[10] 朱建宁. 西方园林史——19世纪之前［M］. 北京：中国林业出版社，2008.
[11] 成玉宁. 现代景观设计理论与方法［M］. 南京：东南大学出版社，2010.
[12] 田朝阳，陈晶晶. 中国传统园林时空设计法式探索［J］. 华中建筑，2015（9）：21-25.
[13]（意）布鲁诺·赛维著. 建筑空间论［M］. 张似赞译. 北京：中国建筑工业出版社，2003.
[14] 董豫赣. 庭院·建筑六议［J］. 建筑文化，2013（3）：1-6.
[15] 王庭蕙. 无限维空间——园林、环境、建筑［J］. 建筑学报，1995（12）：32-40.
[16] 陈志华. 外国造园艺术［M］. 郑州：河南科学技术出版社，2001.
[17] 田朝阳，陈晶晶. 中国园林的分形同构现象解析［J］. 浙江农业科学，2015（8）：1232-1235.
[18] 唐军. 功能陈述中的自由灵动——现代主义景观的空间转变［J］. 新建筑，2005（2）：57-59.
[19] 朱光亚. 中国古典园林的拓扑关系［J］. 建筑学报，1988（8）：33-36.
[20] 王庭蕙. 中国园林的拓扑空间［J］. 建筑学报，1999（11）：60-63.
[21]（美）亚历山大·克里斯托弗等著. 建筑模式语言［M］. 王听度等译. 北京：知识产权出版社，2001.
[22] 顾凯. 桧柏亭——明代江南园林中的特殊营造［J］. 建筑学报，2014（Z1）：156-160.
[23] 李雄. 园林植物景观的空间意象与结构解析研究［D］. 北京：北京林业大学，2006.
[24] 田朝阳，卫红等. 中国古典园林建筑和居住建筑在自然起源与演化中的关系探讨——基于形态结构和群体布局的哲学思考［J］. 华中建筑，2012（1）：182-185.
[25] 苏芳，郭楠，田朝阳. 诗意栖居的立足点——中国传统园林建筑的哲学思考［J］. 华中建筑，2013（11）：10-13.
[26] 查前舟. 中国传统园林艺术对西方的影响［D］. 武汉：华中科技大学，2005.
[27] 俞昌斌. 源于中国的现代景观设计——空间营造［M］. 北京：机械工业出版社，2013.
[28]（美）包华石（Martin Powers）.现代主义与文化政治［J］. 读书，2007（3）：9-17.

# 六、现代建筑的中国芯——基于现代建筑七项原则的中西方古典园林建筑比较分析

（原文载于《南方建筑》，2017年第1期，作者：毕洋洋，田芃，王晓炎，田朝阳，题目有改动）

**本节要义**：现代主义建筑是一次深刻的建筑思想解放运动，布鲁诺·赛维反古典的七项原则是对现代建筑特征的高度概括。对比分析发现，中国传统园林建筑由于不受传统官式建筑的限制，思想解放、形式自由，几乎体现了现代建筑的全部七项原则，具有超越其时代的现代“芯”。根据时间次序判断，中国传统园林建筑是西方现代建筑的历史模板，西方现代建筑具有中国传统园林建筑的现代“芯”。抛弃其具象的材料、色彩和形式等表层符号，中国传统园林建筑的现代“芯”正是值得传承的民族精华。

**关键词**：反古典的七项原则；现代建筑；中国传统园林建筑；现代性

中国古典园林建筑是否具有现代性是决定其能否传承的关键。

现代主义建筑起源于20世纪初的德国包豪斯，是把建筑同社会生产条件结合起来的一次深刻的建筑思想革命。西方现代建筑理论家针对现代主义建筑原则，分别提出了个性鲜明的宣言并进行了实践探索：勒·柯布西耶提出“新建筑五点”，沙利文提出“形式追随功能”，菲利普·约翰逊提出“现代建筑的七个支柱”，保罗·鲁道夫提出“建筑形式的六个决定因素”，赖特提倡“有机建筑”。到1978年，布鲁诺·赛维从建筑语言的高度，总结出权威性的“现代建筑的七项原则”[1]。这七项原则对后世的建筑设计产生了巨大而广泛的影响，并作为评判建筑现代性的基本标准。

20世纪以来，彼得·贝伦斯（Peter Behrens）、卡米罗·西特（Camillo Sitte）、罗宾·埃文斯（Robin Evans）、巴瑞·博格多（Barry Bergdoll）、约翰·迪克松·亨特（John Dixon Hunt）、戴维·莱瑟巴罗（David Leatherbarrow）等西方现、当代建筑、规划、艺术、景观界的大家，在对古典园林与现代建筑的关联性研究中，从不同角度揭示出如画式园林空间是如何在西特、路斯、密斯、赖特、柯布的探索中发展成为自由平面、空间设计和开放平面等现代建筑的空间类型的[2~7]；梁思成、刘敦桢、周维权、冯钟平、李允鉌、彭一刚、萧默等国内一批有见识的建筑师和理论家也多次点出，中国园林建筑在很多方面表现出了超越其时代的现代性[8~11]；王澍、贝聿铭、王欣、金秋野、董豫赣等人则正在进行着用古典园林理论指导现代主义建筑的创作实践[12~14]。然而，关于古典园林建筑的现代性的特征尚缺乏系统的理论研究。本文试图从本源出发，对比西方现代建筑的标准，解读中国古典园林建筑现代性，为古典园林建筑的现代化提供“理论自信”。

## 1 现代建筑的七项原则及意义

作为萨莫森1964年出版的《建筑的古典语言》一书的回应和尘埃落定后的现代主义建筑理论的总结，赛维明确提出了现代建筑语言的七条原则，即功能性的方法论，非对称和不平行性，反透视，四维分解，悬挑、薄壳和薄膜结构，时空连续及建筑、城市和环境的结合。这七条原则是赛维“以最引人注意、最有争议的建筑为依据建立的现代建筑语言的一系列不变原则”和全新的现代建筑设计指南，并通过对当时著名现代建筑的剖析，敏锐而犀利地指出，格罗皮乌斯的包豪斯校舍实现了反透视原则却没有实现四维分解，密斯的巴塞罗那德国馆实现了四维分解却没有摆脱直角体系，柯布西耶的萨伏伊别墅没有实现与环境的结合，只有赖特的流水别墅兑现了所有七项原则[1]。

## 2 基于现代建筑原则的中西方古典园林建筑比较

### 2.1 方法论原则

赛维提出的方法论，即功能性原则，反对一切先验的古典的清规戒律，包括柱式、比例、立面、对称等，并指出千窗一面是没有特色和没有道理的。

中国的园林建筑不受《营造法式》等官式法则的限制，从建筑构件、建筑造型到建筑布局均表现出以使用和审美功能为原则的极大的自由性和多样性。“对于中国人来说，只要观念良好地体现了功能要求，任何形式都是可以接受的。”[15]

窗户门洞千姿百态。中国传统建筑的窗户和门洞除了具有采光、通风、通行等实用功能外，还具有造景、框景及象征意义，在大小、形状和位置经营上自由、灵巧、多样。如苏州沧浪亭的漏窗有108种样式。

建筑形态曲折活变。中国古典园林建筑平面上不拘一格，立面上错落咬合，组合亭、半亭皆为典范（图1）。建筑单体还常组合成复杂的群体，如拙政园香洲就是台—亭—廊—楼的组合（图2）。

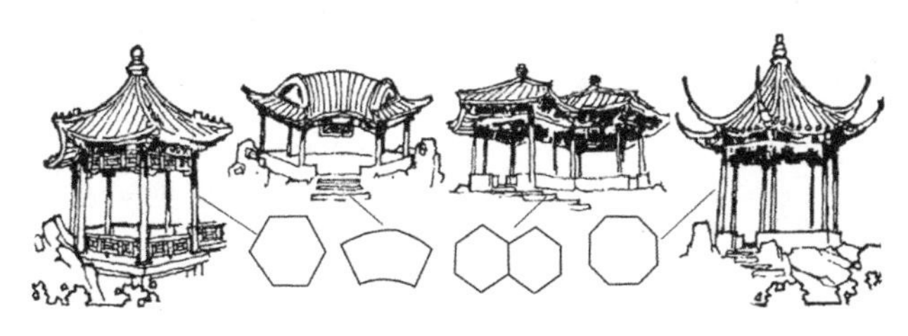

图1 中国亭多样的平面、多样的顶

图2 拙政园香洲

建筑功能和类型丰富多样。中国古典园林建筑是中国古人生活场景的历史演绎和园林再现，是形式追随生活需求及艺术情趣的结果[16]（图3）。计成在《园冶》中记载了楼、台、阁、亭、榭、轩、卷、广、廊等15种单体类型[17]。西方园林建筑只有廊、亭、神庙等少数类型，且神庙是追求宗教精神功能的产物。正因不对等性，西方学者只能笼统地把众多的中国园林建筑类型统称为“pavilion”。

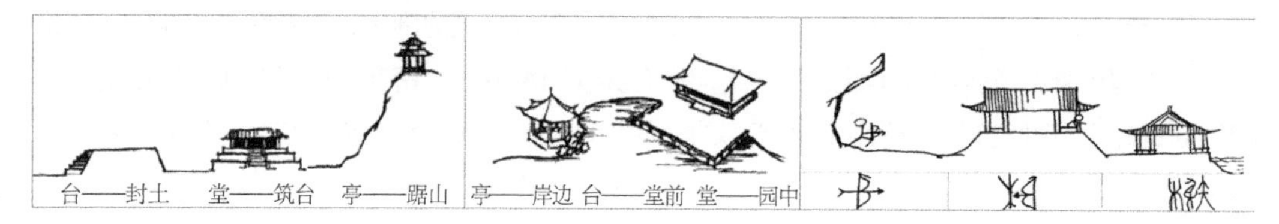


图3　台、亭、堂、榭的位置演化图

## 2.2　非对称性和不平行性原则

赛维指出：“对称性是出于对灵活性、可变性、相对性和事物不断发展的恐惧。非几何形状和自由形式，非对称和反平行主义都是建筑学现代语言的不变法则”，正应了文丘里的“……我倾向于乱哄哄的生气，胜过于显而易见的统一。”[18]这里“显而易见的统一”是指单建筑形式的整齐一律或建筑布局的机械对称，中国园林建筑是它的对立面。

### 2.2.1　园林建筑单体形式中的非对称性——自由的平面和立面

计成在《园冶》兴造论中提出：“假如基地偏缺，邻嵌何必欲求其齐，其屋架何必拘三五间，半间一广，自然雅称。”在厅堂基中提出“厅堂立基，古以五间三间为率，需量地广窄，四间亦可，四间半亦可，再不能展舒，三间半亦可，深奥曲折，通前达后，全在斯半间中，生出幻境也”。童寯先生指出中国园林建筑的“曲折尽致”[19]，彻底否认了对称性。

现存园林中，不规则的平面、立面比比皆是；半亭、复廊甚至不对称的鸳鸯建筑应有尽有。建筑平面的不对称性源自曲线、折线的使用，建筑立面的不对称性源自漏窗、墙洞等建筑构件本身的自由性，及这些“视窗”所裁剪的风景的多样性。不同于西方古典主义建筑“到处都喜欢一体和对称，某一部分总和它对面的或背后的那部分相同”[20]，中国园林建筑在追求自身造型的活变之外，还刻意避免与路径正交，在对偏倚视景的经营中呈现出“乱哄哄的生气”（图4）。

网师园的半亭

沧浪亭的复廊

沧浪亭见山楼

沃-勒-维贡特庄园府邸

图4　中国园林建筑单体的非对称性和西方古典主义建筑的对称性
（资料来源："沃－勒－维贡特府邸"来自：朱建宁．西方园林史［M］．郑州：河南科学技术出版社，2001：235）

2.2.2　中国园林建筑整体布局的非对称性——"散点布局"

中国园林建筑从属于整体园林"按基形式，临机应变"的艺术构思原则，在"构园无格"的思想指导下随形就势，穿插错落，除官式的大型公共性建筑外，"占优势的是到处都有美丽的不规则与不对称"。即便是两个互为"对景"或"均衡"的建筑，在平面和高程上多没有轴线关系，而是彼此交叉、错落、偏斜。所以王致诚几度拍案叫绝"这些差异性不仅仅存在于其方位、视野、排序、布局、规模、高度、主体建筑物的数目上，也存在于组成这个整体的不同部分中"[20]（图5、图6）。

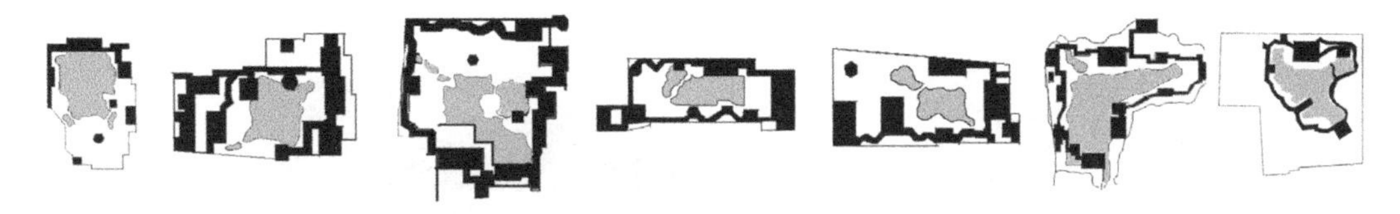

图5　中国园林建筑非对称的整体布局

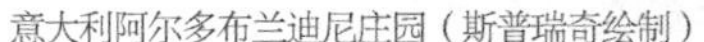

意大利阿尔多布兰迪尼庄园（斯普瑞奇绘制）

法国枫丹白露宫苑

英国贝伦海姆庄园

图6　西方古典主义建筑群体对称的整体布局
（资料来源：网络）

## 2.3 反古典的三维透视法原则

15世纪，当三维几何透视法作为一种制图技术盛行于建筑界时，建筑被简化成规则棱柱体；曲线、不对称形式、灵活的柱形和任意角（非90°）被砍掉了，古典主义的世界变成了方盒子。弊端不止于此，以三维空间的名义被采用的透视，配合机械对称，在使用时往往变成了一点透视，即二维的平面（建筑的单面）。

中国古典园林建筑与中国绘画一脉相承，走向了动（散）点透视。首先，中国古典园林中很少方盒子的案例，例如各类亭子中，除了少数四边形，此外的三角形、多边形、曲面形等，无论从任何一个角度，都至少能看到两个立面（多维空间[21]，而不是二维平面）；其次，出于步移景异的设计要求，园路（廊）多为之字折，即使建筑单体偶尔对称，园路在接近建筑时，也会发生转折，从侧面接近建筑，使人们几乎看不到建筑的正立面，看到的往往是两个面，甚至三个面。由于单体建筑的非对称性、“散点布局”的自由性、各类建筑形式的丰富性以及园路的非轴线性和曲折性，使人们站在园内任何一个视点，都看不到、猜不到建筑整体的立面，只有不断移动，才能看到全部的建筑。这种“曲折尽致，眼前有景”的造化，或者说对“方位的诱导性和透视感”[22]是比赖特的流水别墅更生动而明确的创造，因为流水别墅里不仅看不到瀑布，摄影师如果想要拍到赖特亲绘的那张效果图的经典视角，还须买来及腰深的渔用皮衣裤，才能到达那个透视定点（图7）。

沧浪亭路径与建筑的斜交　　拙政园见山楼

退思园闹红一舸　　赖特的流水别墅

图7　中国园林建筑的多面性及与流水别墅的视景对比
（资料资源：流水别墅来自网络）

### 2.4 四维分解法原则

四维分解法是指将封闭的方盒子房间分解成顶棚、地板和四面墙六个壁板，从而实现发散式重组。节点的分离摆脱了沉闷空间、三维透视和机械对称的桎梏，并带来一目了然的功能分区、自由平面和流动空间。

中国传统的木构建筑，属框架结构，墙体不承重，仅为围合的表皮，为实现四维分解提供了技术支撑。首先，其立柱可以放在任何部位，为半亭、半廊等“广”式的半坡建筑提供了方便；其次，墙体可以脱离屋顶，实现室内空间的各类分隔，为各类室内屏风、装折提供便利；第三，可以实现任意形状、尺度的开窗；最后，中国园林建筑不仅完成了分解，而且实现了组合（如舫，就是台、亭、廊、楼的组合）。李约瑟认为，“现代建筑事实上比一般的猜想更多地受到中国（以及日本）的观念所影响。一种基于中国性格的，以增加重复单位（Repcating unit）来解决人所要求的尺度和规模，以及庭院的露天空间的‘柱距’或者‘开间’已经经常被采用。这类‘模数’（modules）存在于柯布等一类现代建筑师的理论和实践中。他们之中的一些人，例如赖特等曾经在日本工作过，正如墨菲（Murphy）曾经在中国一样。”[23]而李允鉌一针见血地指出：“现代建筑虽然蜕变自西方的古典建筑，比较起来，似乎和中国古典建筑在原则上更为详尽，框架结构就是其中的一个最主要的共同点”[8]。

此外，就建筑群体而言，西方古典建筑往往是把所有的功能放在一个主体建筑内，导致建筑单体的无限增大。中国园林中，则把各类功能分置于不同的建筑单体中，并通过连廊将功能各异、形态纷呈的建筑构成一体——超越了格罗皮乌斯的包豪斯校舍，既增加了建筑与自然的接触面，促进了人们户外接触自然的活动，又避免了上下楼梯（中国园林中连廊的地形升降多用坡道）的艰难。而且，群体分解的角度不拘泥于90°——超越了密斯的巴塞罗那德国馆，这种分解如此彻底、如此精妙、如此不可思议，不能不说是超世绝伦的艺术智慧。

### 2.5 悬挑、薄膜和薄壳结构原则

该原则本质上是一种结构和技术革新，即用悬挑结构和连续墙体代替以往盒子式房子的梁柱结构。所谓悬挑就是将支点从角点退入一定距离。如果说四维分解带来的是自由平面和流动空间，悬挑结构带来的则是自由立面和灰空间。

中国古典园林建筑利用斗栱、支撑、雀替等方式实现了悬挑结构，大屋顶就是例证。相对于西方古典教堂厚厚的整体穹顶，中国建筑屋顶承重部分的梁、檩、椽与围合部分的瓦片相互分离，薄薄的瓦片不失为一种古代的薄壳结构。2003年的普利兹克奖得主约恩·伍重将《营造法式》中的大屋顶诠释为“屋顶和平台”，这一空间意象成为悉尼歌剧院的创造思想的根源。而预制木构设计建造体系，则在悉尼歌剧院初步方案中的壳体（shell）屋面转换成预制穹券（prefabricated vaults）的决定性设计中，起到了重要的参考作用[24]。在某种意义上，悬挑和

薄壳结构的代表悉尼歌剧院正是中国传统建构的现代转译。

### 2.6 时空连续原则

赛维的时空连续有两个含义，一是建筑内外空间的渗透，二是建筑之间的空间流动。

#### 2.6.1 中国古典园林建筑室内外的空间渗透

当西方还在执迷于对建筑实体和装饰艺术的关注时，中国已走上了对建筑空间的追求之路，把房与院、堂与庭组合在一起，形成一种室内空间与室外空间相互渗透的建筑群体。如果说赖特的古根海姆博物馆通过玻璃窗引入城市之景而加入了时序、气象、光影变化的时间因素，实现了视觉意义上的空间连续性，那么中国的园林建筑则通过庭院、天井、墙洞、漏窗和造景十八法的应用在这种静赏的时间因素中，实现了视觉、听觉、触觉全方位的空间连续。如果说柯布的“散步建筑”（萨伏伊别墅）通过一个可以信步穿越的坡道而创造了一种运动的时间维度，那么中国园林建筑则通过廊、廊上的窗以及与廊结合的亭台轩榭创造了可穿越、可停留的空间，而把这种动观的时间维度表达到极致。此外，我国传统的木架构体系使得实的墙“线”（如屏风、纱槅、落地罩）可以自由穿插、布置于承重的小的驻点之间，实现室内空间的分割和流动；如果需要，建筑外围的整片墙面都可以布置成连续的玻璃长窗，或者干脆做成空的柱廊，达成内外空间的连续。密斯的巴塞罗那德国馆正是通过柱网结构实现墙“线”的穿插错落而创造了流动空间。故而有人将密斯的德国馆称为“亭榭”，更有欧洲学生在看了“翠玲珑”后，直言胜过密斯的巴塞罗那德国馆，而王澍先生对此回以“是的”[12]。

#### 2.6.2 中国古典园林建筑之间的时空连续

建筑物之间的时空连续意味着户外视点的不断改变，视点改变的诱因是动线与视线的分离。中国园林非欧几何的审美意识和散点透视创造了“曲径通幽”、“无往而不复”的空间秩序和“步移景异”、“虚实互生”的强烈而丰富多变的空间体验，这是对时空连续最完美和最丰富的表达。田朝阳在“中国古典园林‘时空设计法’空间构图原理探讨”一文中指出，中国的建筑空间是复合空间，中国的园林路径是复合路径，中国园林的建筑占角布局，由此促成了视线与动线的分离，结合中心水系、池岛结构构成了中国园林的时间设计机理[25]。而西方古典建筑与三维透视一脉相承，缺乏联系的单体建筑、内外封闭的方盒子空间和一览无余的几何布局不具备这样的特质（图8）。

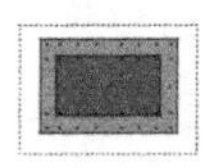
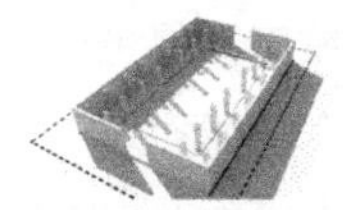

古罗马廊柱园的简单空间

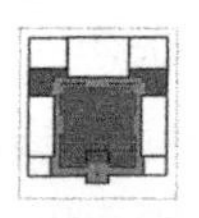

中国传统四合院的复合空间

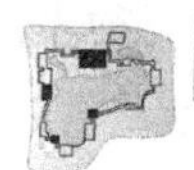
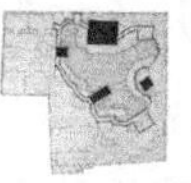
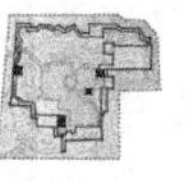
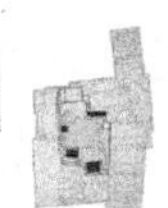

中国园林的占角建筑

图8 中国的建筑空间和布局法式表达了时空连续观

## 2.7 建筑、城市和自然景观的组合原则

中国园林追求"师法自然"、"天人合一"，在处理建筑与自然环境的协调，如建筑造型与自然风貌的统一、建筑临界部位与自然环境的结合，以及建筑在各种自然环境条件下的应变，包括建筑与山势、建筑与水面、建筑与植物等方面积累了丰富的智慧和经验。

### 2.7.1 单体建筑与局部小环境的结合

亭，顶尖，故因山高而出；榭，顶平，故由水平而生；舫，似舟，宜籍于水边，号曰"不系舟"；舟，叶也，漂浮于湖面，款款而行；轩，车也，行驶在陆地，轩轩欲举；厅、堂不高，簇拥于花木之中；楼、阁不低，掩映于乔荫之下；架廊虽长，曲折蜿蜒于树林干丛。且有筑必有木，筑檐似枝干，似鸟栖树上，斯斯欲飞。小园之中，建筑虽多，然似由己出，与环境和谐相处，绝无突兀之感。被西方奉为现代风景建筑典范的"流水别墅"也望尘莫及。

### 2.7.2 群体建筑与整体山水框架的结合

古典园林以场地形态为基础，以山水为框架，建筑布局与之相适应，并为了适应水平和竖向变化，创造了各类之字廊（园路），爬山廊、坡道廊（园路）等连廊。以古典园林谐趣园、退思园、狮子林、留园等众多名园为例，可以看出，其场地边界、水边界、路径与建筑群体边界之间存在自相似性，即分形同构现象（图9）[26]。与此相反，西方园林建筑布局则突出建筑物的统治地位，在与自然对抗的意识下走向了欧氏几何，建筑与自然环境难以渗透融合、"天人合一"（见图6）。

图9 中国古典园林边界、建筑群体布局内外边界、路径边界、水系边界的分形同构

## 3 结语

现代建筑的七项原则摒弃了西方古典建筑的缺陷，成就了西方建筑的革命，使之成为国际主义建筑的流行模式。但是，关于这七项原则的原型来源，赛维认为来自西方历史上那些非古典主义主流的异端建筑，并在《现代建筑语言》一书的后半部极力证明。然而，事实果真如此吗?

通过分析不难看出，与西方古典建筑相比，中国古典园林建筑由于不受官式建筑的限制，思想解放、形式自由，同七项原则倡导的现代建筑具有更大的相似性。赛维指出，七项原则是最高标准，一揽子完成七项原则，会欲速则不达。中国作为世界上唯一一个文化不曾断裂和消逝的五千年文明古国，古典园林建筑精神内涵的超前性、现代性甚至是未来性是显而易见的。根据时间次序和资料记载——如传教士王致诚、李约翰在书信中对中国造园智慧的望洋兴叹；如现代建筑运动的旗手赖特一边向密斯征讨流动空间的发明权，一边虔诚地把提出“有无相生”的老子信奉为心中的第一位神，而第二位是耶稣，第三位是他的老师沙利文；又如《世界园林史》的作者Tom Turner在序言中坦言，这本书也许应该被称作“西方园林：从公元前2000年至公元2000年的历史”，因为他相信“东亚具有一个完全不同的园林设计传统”……我们有理由相信，中国古典园林建筑影响甚至是指导了西方现代建筑运动。如果抛弃其中代表时代特征的具象的材料、色彩、形式和文化符号等表层符号，中国古典园林建筑的内核具有划时代的现代“芯”。就古典园林建筑的载体——中国古典园林而言，俞昌斌教授意识到了其中的现代性，著书《源于中国的现代景观设计——空间营造》。可是，至今没有一本《源于中国的现代建筑设计——空间营造》，而只是提出了“新中式”的概念，令人遗憾。

“五四”以来，“现代”与“西方”这两个概念经常被混在一起。中国的作品，不是被归属为“传统”的，就是被纳为“西方”前锋艺术。实际上，欧洲人可能是在 18 世纪的文化竞争中才第一次使用现今涵义上的“现代”①。只是因为民族主义的出现，艺术以及艺术史逐渐成为文化政治的一个工具，欧美的前锋艺术家能大量地采用国外的资源并进行一种“民族清洗”工作——将欧洲艺术中所有东方的、中世纪的或拉丁的因素都清除掉——最后把结果叫作“现代化”[27]。刘禾曾论述过“超级符号”的概念②。或许我们可以认为，在20世纪初期“现代建筑”即是一种“超级符号”，而中国的一些学者同“五四”知识分子一样，以为要创新只能借用国外的东西——反而把国内的资源大部分视为不足道的，颇天真地接受了那西方爱国主义自卖自夸的说法（包括中西对比的框架与欧洲中心论）而无从辩护自己文化的价值。结果，中国历来的各种文化资源大多无法用于建构“现代性”中国的任务。连李约瑟都说：“中国科学工作者本身，也往往忽略了他们祖先的贡献”。如果我们对五千年沉淀的“国粹”多一层注目，对东西方文化交流史、东西方园林及建筑发展史多一次审视，也许就会发现本文的题目改为“西方现代建筑空间的中国‘芯’”更妥帖，也正是本文的意义所在：正本清源，去伪存真，与古为新。

注释：

① 18世纪晚期正好是民族主义的萌芽时期，欧洲最有势力国家之间的文化竞争日益加剧。第一种现代化的艺术大概是园林。不规则的园林被视为当时一个伟大的成就，各国致力于抢夺“如画性”园林的功劳，波斯出版了一本提倡利用中国设计因素的书，即被人称为卖国贼。聪明的Horace Walpole 用了“现代性的”园林这个修辞，巧妙地避开“不规则”、“如画性”、“英中风格”的称呼。参见：(美) 包华石 ( Martin Powers ) . 现代性：被文化政治重构的跨文化现象 [ N ] . 中国社会科学报，2010-10-12 ( 003 ) .

② “超级符号”虽然表面上是属于某种语言体系的，实际其语汇的意义却是与另外一种语言体系分不开的。它的一个特点就是，其中异国语言的痕迹最后会消失，变得完全本土化。参见：(美) 包华石 ( Martin Powers ) . 现代主义与文化政治 [ J ] . 读书，2007 ( 3 )：9-17.

## 参考文献

[1]（意）布鲁诺·赛维. 现代建筑语言［M］. 席云平，王虹译. 北京：中国建筑工业出版社，1986.

[2] Peter Behrens. Der Moderne Garten［N］. Berliner Tageblatt40（291），1911-7-10.

[3] 卡米诺·西特. 城市建设艺术——遵循艺术原则进行城市建筑设计［M］. 仲德崑译. 南京：东南大学出版社，1990.

[4] Robin Evans. Translations from Drawing to Building and Other Essays［M］. Cambridge: M.I.T. Press，1997: 233-277.

[5] Terence Riley，Barry Bergdoll. Mies in Berlin［M］. New York: Harry N. Abrams，2001: 66-105.

[6] John Dixon Hunt. The Picturesque Garden in Europe［J］. London: Thames and Hudson，2002: 8-10.

[7] David Leatherbarrow，The Law of Meander，2007年11月在同济大学建筑与城市规划学院的同名讲座.

[8] 李允鉌. 华夏意匠：中国古典建筑设计原理分析［M］. 天津：天津大学出版社，2005.

[9] 冯钟平. 中国园林建筑［M］. 北京：清华大学出版社，1985：5.

[10] 赵广超. 不只中国木建筑［M］. 上海：上海科学技术出版社，2001：196-197.

[11] 萧默. 伟大的建筑革命［M］. 北京：机械工业出版社，2007：225-226.

[12] 王澍. 自然形态的叙事与几何——宁波博物馆创作笔记［J］. 时代建筑，2009（2）：66-79.

[13] 金秋野，王欣. 乌有园（第一辑：绘画与园林）［M］. 上海：同济大学出版社，2014.

[14] 童明，董豫赣，葛明. 园林与建筑［M］. 北京：中国水利水电出版社，2009.

[15] 吴家骅. 景观形态学［M］. 叶南译. 北京：中国建筑工业出版社，1999：257.

[16] 郭楠，田朝阳. 中国传统园林建筑语汇解读［J］. 兰台世界，2014，8（6）：89-90.

[17] 计成著. 园冶注释［M］. 陈植注释. 北京：中国建筑工业出版社，1988.

[18]（美）罗伯特·文丘里. 建筑的复杂性与矛盾性［M］. 周卜颐译. 北京：知识产权出版社，2006：16.

[19] 童寯. 江南园林志［M］. 北京：中国建筑工业出版社，1984：8.

[20] 张恩荫，杨来运. 西方人眼中的圆明园［M］. 北京：对外经济贸易大学出版社，2000：33.

[21] 王庭蕙. 无限维空间——园林、环境、建筑［J］. 建筑学报，1995（12）：32-40.

[22]（意）布鲁诺·赛维. 建筑空间论：如何品评建筑［M］. 北京：中国建筑工业出版社，2006：111.

[23] Joseph Needham. Science&Civilisation in China［M］. Cambridge：Cambridge University Press，1971：67.

[24] 赵辰."普利兹克奖"、伍重与《营造法式》［J］. 读书，2003（10）：109-115.

[25] 田朝阳，陈晶晶等. 中国传统园林"时空设计法"空间构图原理探讨［J］. 华中建筑，2015（9）：21-25.

[26] 陈晶晶，田朝阳等. 中国园林的分形同构现象解析［J］. 浙江农业科学，2015（8）：1232-1235.

[27]（美）包华石（Martin Powers）.现代性:被文化政治重构的跨文化现象［N］. 中国社会科学报，2010-10-12（003）.

# 第六讲
# 中国古典园林的独特现象——偏倚视景

## 七、中国古典园林中的偏倚视景现象及原理

（原文载于《风景园林》，2016 年第10期，作者：毕洋洋，王晓炎，田朝阳）

**本节要义**：偏倚视景是一种斜向或非正对的视觉设计理论，由意大利布景师、建筑师费尔迪南多·加里·比比恩那在17世纪首次提出。这一理论深刻地影响了西方近现代的舞台布景、建筑、园林和城市设计。研究发现，中国传统园林中建筑、山、水、植物以及路径的空间形态和位置经营表现出以形变为基础的、“偏倚”的视觉范式，创造了多方位、多角度的景象表述和观赏体验。可见中国园林艺术之审美情趣和设计操作的超前性。
**关键词**：偏倚视景；费尔迪南多；传统园林；形变；视觉范式

美国宾夕法尼亚大学前建筑学院院长、教授戴维·莱瑟巴罗（David Leatherbarrow）在“蜿蜒的法则”的同名讲座中指出，“蜿蜒的法则统治了大地上的各种现象——环境影响力、园林、城市和建筑”，它源于自然界的形态变化，是天意所致；同时指出勒·柯布西耶的观点捕捉到了“迂回”原则，因为柯布的每一个作品其实都是“偏倚视景”（veduta per angolo）的案例①。

中国园林是“师法自然”的艺术形态，童寯先生对中国园林作如是概括：“侧看成峰，横看成岭，山回路转，竹径通幽，前后掩映，隐现无穷，借景对景，应接不暇，乃不觉而步入第三境界矣。斯园亭榭安排，于疏密、曲折、对景三者，由一境界入另一境界，可望可即，斜正参差，升堂入室，逐渐提高，左顾右盼，含蓄不尽。其经营位置，引人入胜，可谓无毫发遗憾者矣。”[1] 这是对偏倚视景理法和审美情趣的高度概括。

# 1 “偏倚视景”的涵义

## 1.1 “偏倚视景”的缘起

偏倚视景，一种被17世纪的设计师们称作“veduta per angolo”或“stage designs seen from an acute angle”的视觉设计理论，由意大利布景师、建筑师、画师家族——比比恩那家族（Galli Bibbiena）的第二代传人费尔迪南多·加里·比比恩那（Ferdinando Galli Bibiena）首次提出，指通过斜向或非正对的视角瞥见如画的风景或室内的舞台[2]。1708年，“veduta per angolo”被费尔迪南多运用在巴塞罗那佩斯基耶拉盛宴（Pianta della scenografia della Festa della Peschiera）的舞台场地设计中。他放弃传统的对称和中心透视，根据观众视线的聚散方向来建造舞台的背景和位置，建造了一系列的定向观看角度——独立于这些剧场的大厅，并相对倾斜于它。它的形状好似一个飞机的机头正面打开拥抱着所有的观众（图1）。人们从这些视角出发，既能够通过两侧和外部的焦点将视线集中到舞台上，又能够从剧场大厅的每一个角度收获更好的观察视角（图2、图3）[3~5]。

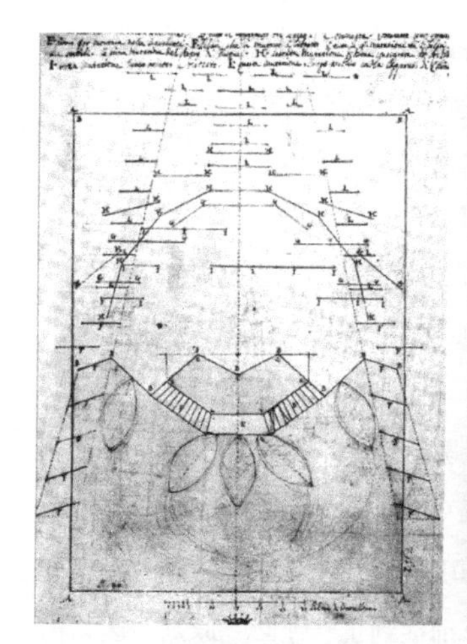

图1 （左）佩斯基耶拉盛宴的舞台场地设计（Pianta della scenografia della Festa della Peschiera）
（资料来源：Matteucci.A.M. L'influenza della《veduta per angolo》sull'architettura barocca emiliana［M］// *La scenografia barocca*，a cura di A.Schnapper，Atti del XXIV Congresso Internazionale di Storia dell'Arte，Bologna，1982:129-139.）

图2 （中）费尔迪南多设计的剧场
（资料来源：http://www.unav.es/ha/007-TEAT/barrocos-bibiena-familia.htm）

图3 （右）比比恩那家族的舞台布景设计
（资料来源：http://www.unav.es/ha/ 007-TEAT/barrocos-bibiena-jovenes.htm）

## 1.2 “偏倚视景”的发展

### 1.2.1 “偏倚视景”在建筑设计中的应用

1711年，费尔迪南多撰写了数篇关于建筑和透视视景的文章，将偏倚视景理论逐渐延伸到民用建筑方面。同时，费尔迪南多及其家族将这一理论发展为“多点视角（la scena a fuochi multipli）”和“虚假透视[6]（l’illusione della prospettiva）”，通过灵活地组合各种建筑要素，布置具有相同和重复的元素（如柱列、拱券、雕花等），以及路径交叉、布景错位、相互遮掩等手法，来创建类似无边的叠架的错觉（图4）。

### 1.2.2 “偏倚视景”在园林中的应用

1764年，诗人和造园爱好者威廉·申斯通（William Shenstone）将“veduta per angolo”的视觉原理用在了自己的庄园“篱索思”（Leasowes）（图5）的设计和建造中，并发展为一种设计原则——“疏离目标，迂回接近（Lose the object，and draw nigh，obliquely）”，即任何单一视窗所看见的仅仅是庄园的一部分，更多的景致（暗木本山谷、美景开阔的高地、隐藏在玉米地的船房、湍急的瀑布、蜿蜒的河流、大湖泊等），只能在行进的路径中发现[7]。这一原则被亚历山大·蒲柏（Alexander Pope）抢先在其书中进行了定义——“美不全显，半数宜藏（let not each beauty everywhere be spied，where half the skill is decently to hide）”[8]。

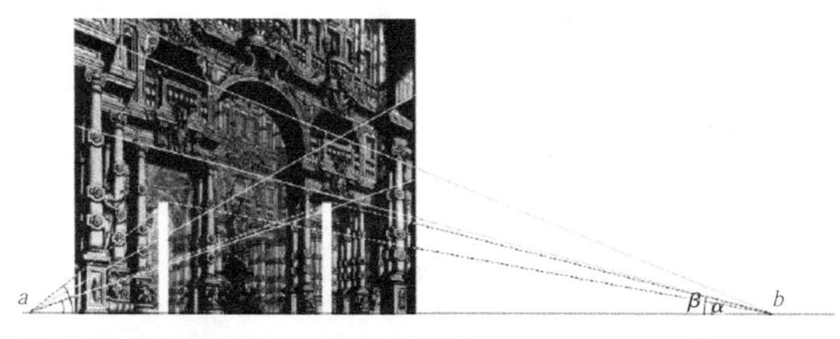


图4 费尔迪南多设计的里斯本国家美术馆（Arte Antiga，Lisbon）
（资料来源：http://www.academia.edu/8343531/Trimming_scenic_invention_oblique_perspective_as_poetics_of_discipline）

图5 申斯通的“篱索思”花园
（资料来源：Thacker.C.*The History of Gardens*［M］. University of California Press，1979:201-208.）

### 1.2.3 “偏倚视景”在城市设计中的应用

20世纪30年代，建筑大师、城市规划家勒·柯布西耶（Le Corbusier）再次捕捉到了这个原则，并在其著作《Oeuvre Complète》中加以概述——“路径多变，视点相随（You follow an itinerary and perspectives develop with great variety）”。他把这种观感从室内建筑扩大到宇宙法则，并预先运用到“光明城市（The Radiant City）”的理论中[9]。

### 1.3 “偏倚视景”的涵义

一言概之，“veduta per angolo”是建立在曲折路径之上的动态的、迂回的、斜向的观看方式或观看结果。

## 2 中国古典园林中的“偏倚”现象

中国园林是兼具视觉性和体验性的入画式园林。自唐宋以后，基本保持了以蜿蜒环路为基础架构、建筑为边界、山水为中心的聚合空间形态。对比费尔迪南多的剧场设计理论，处于中心位置或视觉焦点的山水对应舞台——景象，围绕山水的观景点对应看台——视点。不同的是，园林中观看的主体不是位置静止的观众，而是随意游走的游客，这就要求景观要素之间要同时满足动态、连续、“看与被看”[10]的视觉制约关系（图6），即在这个多向的视觉联系网络中，通过对园林要素（山、水、植物、建筑、路径等）的空间形态和位置的经营，实现多方位、多角度的景象表述和观赏体验。

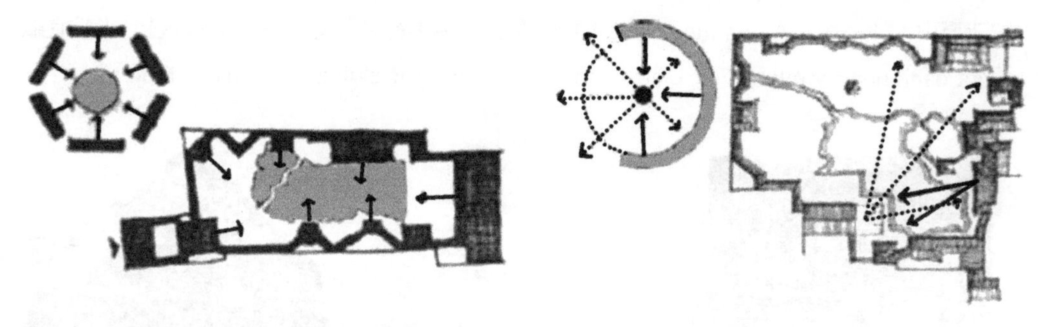

图6　中国园林聚合空间形态及看与被看的视觉制约关系
（资料来源：计成著．园冶注释（第二版）［M］. 陈植注释．北京：中国建筑工业出版社，2009.）

### 2.1 建筑的偏倚

中国古典园林建筑在“构园无格”和“先乎取景”[11]的思想指导下，突破了传统居住建筑“南北主位，南北主轴，东西次轴”的布局模式，在位置和方向上常根据造景和取景的需要变换为东西主轴，如网师园稻和馆为取东面院景坐西朝东；或局部扭转、倾斜成一定角度，如退思园、谐趣园、拙政园的西部及小飞虹、网师园、艺圃等；同时在平面和高程上彼此偏斜、交叉、错落，形成了不对称的形式、多向的视觉感受和良好的观赏角度。

以退思园为例。首先，闹红一舸在方位上朝北扭转了30°后，向前探出，成为看与被看的中心和焦点建筑，它与菰雨生凉、眠云亭、琴房、水香榭、退思草堂、辛台等所有建筑都构成了非正对的看和被看的关系。其次，周边建筑菰雨生凉、眠云亭、琴房、水香榭、退思草堂相互之间皆为斜对。最后，只有退思草堂与辛台为正对，但是由于闹红一舸的隔离，互相看不见（图7）。建筑的偏倚使得它们拥有了三维的立体感，即同时在几个方向上的丰富形象，而不是正对向观看的二维的呆板平面感（图8）。

朱光亚将这种彼此扭转、对话、错落的关系称为拓扑同构，表现为向心（建筑正立面的法线仅是汇拢而不是相交于一点）、互否（方向的互否、进退的互否、高低大小的互否等）和互含三种形式[12]。不管是“偏倚”或是“拓扑”，中国传统木结构建筑体系无疑是形变的基础。因为在这种四维分解体系中，“并不存在，也不可能发展出Facade（即主要面对人流方向的建筑物之立面，也就是‘主立面’）这种东西”[13]，故而面面成景。

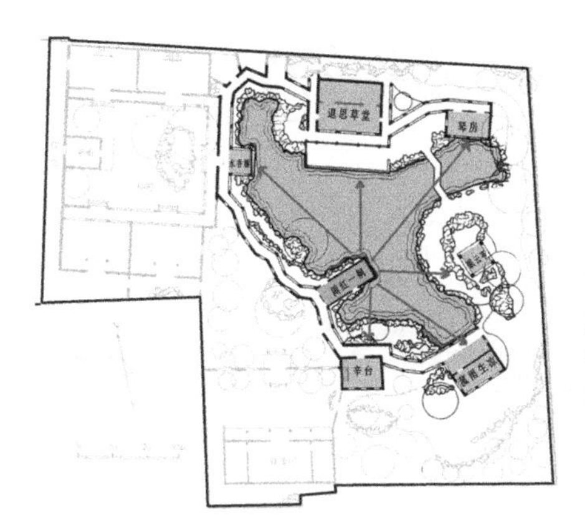


图7　闹红一舸视线分析

图8　从其他方位上看到的闹红一舸形象

## 2.2　山石的偏倚

中国园林中的叠山是对“横看成岭侧成峰，远近高低各不同”的自然形态的缩移模拟，置石讲究“瘦、漏、透、皱”。从形态上讲，山、石无定形，无所谓正面与侧面。假山、置石和建筑一样，具有景点和视点的双重属性。如环秀山庄大假山如同小小的一块灵璧石有无数多个面，令人环绕无数遍，也画不出平立剖（图9）。

董豫赣指出贝聿铭的苏州博物馆的假山虽立意《园冶》掇山篇，却有失计成壁山意，因为只能在门厅内静观，“却于山前横桥动观斜视间骤然变形，一时间，群石失位，崩如散兵游勇。静模绘画的绝美画意，却经不住园林行望居游之三维行望。”[14]（图10）可见，中国古典园林山石理式创造的是一种多样变换的视角及视景——俯视、仰视、窥视、斜睨……而不管何种视角，总归是视点相随，处处成景，移步换景。

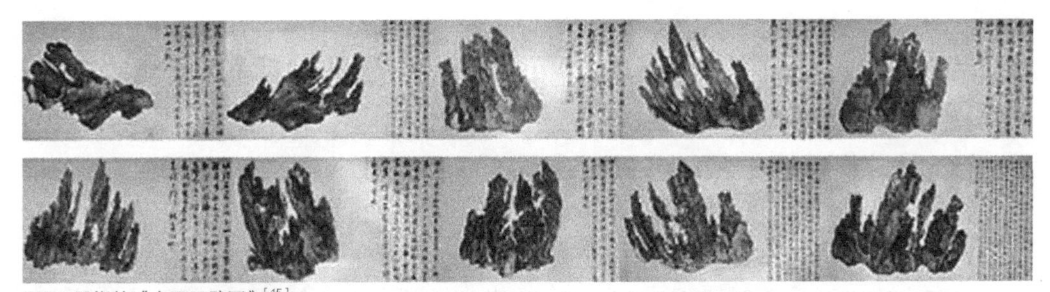

图9 吴彬的《十面灵璧图》[15]
（资料来源：黄晓. 吴彬《十面灵璧图》与米万钟非非石研究［J］. 装饰，2012（8）：62-67.）

图10 苏州博物馆假山静观与动观
（资料来源：董豫赣 . 品园小记之一 品苏州博物馆假山［J］. 风景园林，2013（2）：156-157.）

## 2.3 水的偏倚

水本无形，随池赋形。就水池（水体）本身形态而言，唐代以后一般采用自由曲折的自然形态，且水体形态往往沿对角线方向延展。根据阿恩海姆视知觉理论，变形制造空间，倾斜性是创造深度知觉的最基本的变形，产生张力和视觉动力[16]。王庭蕙从另一个角度指出，以水为中心的园林“使人为之一惊的是它的对角总有相应的处理”，这种对角置景（如对角放桥、对角放建筑）创造了克角空间，在扭曲、拉伸中表现出一种平衡下的不平衡的旋转现象[16]。可见，中国园林的水面，一方面自身形态带着一种“张力”向一个或另外几个方向延展，控制性地诱导和发散视线（图11）；另一方面，水体在建筑、山、林的掩映中藏头去尾，除非绕水而行，否则人们无法看到或猜到它的完整形态——“它从哪里来，到哪里去”，人们情不自禁地追随它的去向，又在寻觅中邂逅不一样的风景。

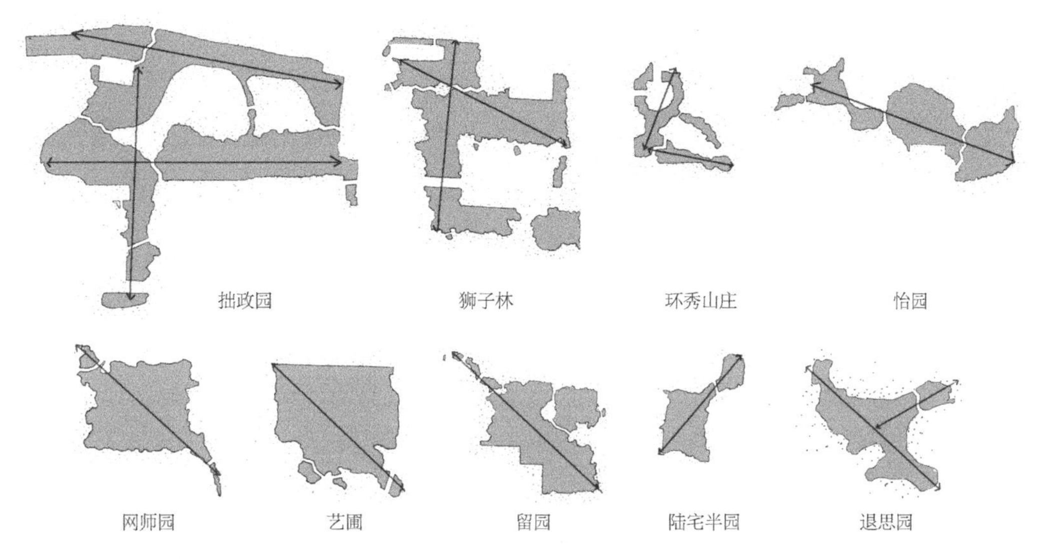


图11　水面形态及其张力

## 2.4　植物的偏倚

中国园林中植物为自然形态，很少几何修剪，单株即为立体的雕塑，有无数多个面，无所谓正面，且常偏置于园内一角；若植树两棵，宜一大一小，各偏一角；若植树三四棵，忌排成一条直线或正三角形、正四边形；若大面积丛植，忌规则、求自然，拒绝居中、对称形式以及正对（head-on）的视觉范式。与建筑配合时，花木的配置是“以被烘托的建筑物为重心使前后左右保持不对称的均衡”[17]（图12），正应了白居易“仰观山，俯听泉，旁睨（睨，斜着眼睛看）竹树云石”芦山草堂式的审美情趣。

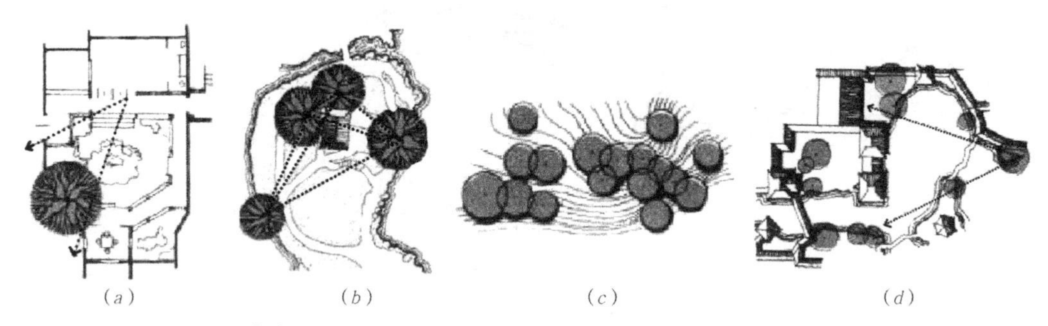


图12　植物配置的偏倚现象[18]
(*a*) 孤植置于园内一角；(*b*) 点植忌对称；(*c*) 丛植求自然；(*d*) 增加空间层次和景深
（资料来源：王庭蕙，王明浩．中国园林的拓扑空间［J］．建筑学报，1999（11）：60-63.）

### 2.5 路径的偏倚

从整体上讲，中国园林中的路径曲折尽致且“回环往复”，沿路径行进的过程中，视线从不同方向环视景观的不同方位，视莫穷焉，无往不复。这与西方园林“直线路径”的视觉范式有本质不同：视线从轴线出发，沿一个方向一路延伸直到被轴线尽端的建筑正立面截住，戛然而止，宣告一次游历的完成。

从细部看，园林路径极尽“不妨偏径，顿置婉转”之能事：一是路径不与建筑正交或在接近建筑时发生转折，从侧面接入，以变化的视角看到建筑的两个甚至三个面——而不是一个正立面（图13）。二是“之”字连廊迂回曲折，“处处临虚，方方侧景”。每一次转折都瞥见不一样的风景，增加了景观的视觉连续性（图14）。三是经过门洞时，不经意间瞥见斜向的视景，暗示和创造了另一个或几个方向的空间维度（图15）。四是水面上的桥、廊等与建筑结合时，有目的地进行了形态上的转折和方位上的偏移。这种处理在中国园林中尤为普遍，如拙政园小飞虹的曲折增加了向南向北的观景角度，沿小飞虹斜向的观赏路线对主要的观赏对象小沧浪，渐行渐远，增加了空间的深远感和若即若离的趣味性（图16、图17）。

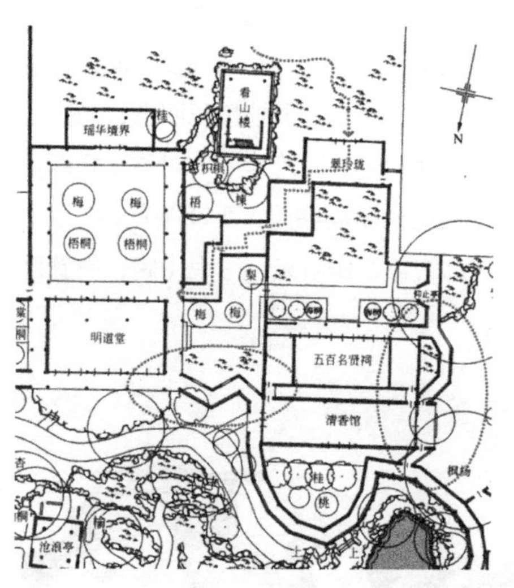


图13　路径曲折或是从侧面接近建筑

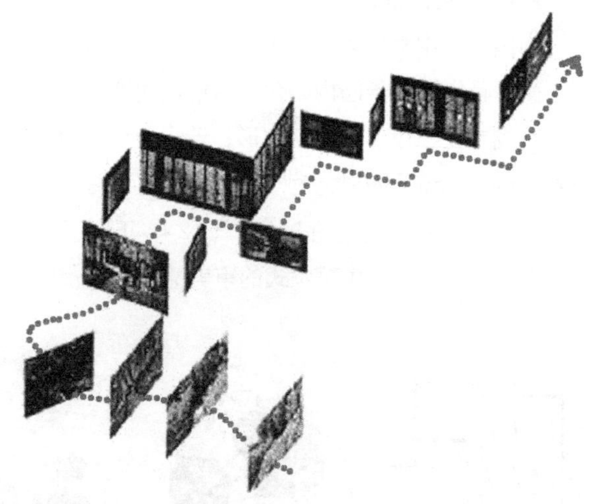

图14　从看山楼穿越翠玲珑的视景剪辑[19]
（资料来源：王瑶．园景剪辑——园景经营与电影剪辑的类比研究及其在郧阳博物馆中的应用［D］．北京：北京建筑大学，2014：38.）

## 3　结语

偏倚视景是以形变的动力为基础、以动态的游历为体验方式的视知觉艺术，核心是“美

图15　从浴鸥门望芹庐门空间

图16　折桥与见山楼斜交

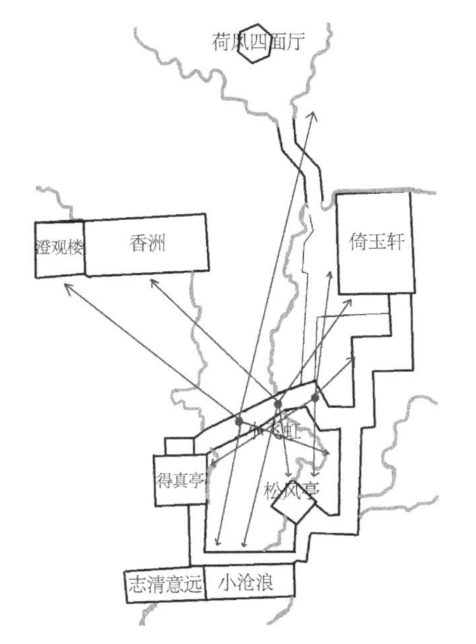


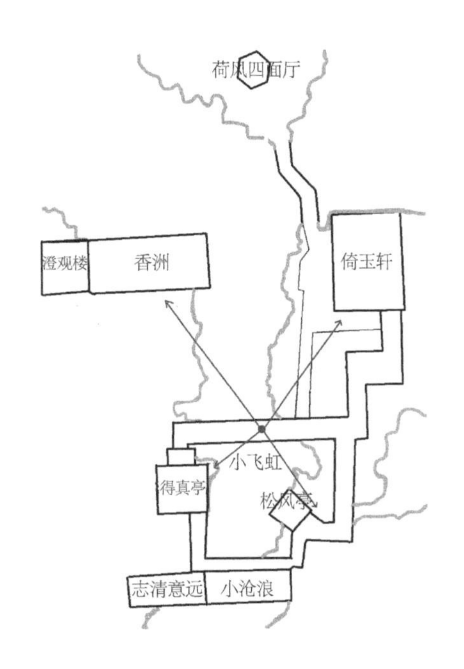


图17　小飞虹不同形态下的视线分析对比

不全显，半数宜藏”，这也是步移景异设计手法的视觉原理。细品童寯先生对中国园林的概括，“山回路转，竹径通幽”指向曲折尽致的路径；“侧看成峰，横看成岭”、“可望可即，斜正参差”指向非正对的摆布及斜向的视角；“前后掩映，隐现无穷”暗示无限维空间[20]和历时性体验；“借景对景，应接不暇”暗示眼前有景，步移景异；“左顾右盼，含蓄不尽”指向多样变换的视点和连续流动的观感。

偏倚视景是西方近代艺术观念、词汇和理论知识自被认知起便开始广泛应用到西方绘画、舞台布景、建筑、园林、城市，甚至当代西方建筑师、景观师仍在津津乐道和孜孜探索，可见偏倚视景视觉范式的普适性和现代性。

偏倚视景是中国古代文化、视觉经验和默会知识[②]，至晚从唐宋起便被中国造园家集体无意识地实践和创造，可见中国园林艺术之审美情趣和设计操作的超前性。我们有理由、有自信相信，中国作为世界上唯一一个文化不曾断裂和消逝的文明古国，五千年沉淀的很多观念和方法是独特的、先进的，等待挖掘、正名和转译，偏倚视景就是其中之一。

**注释：**

① David Leatherbarrow，The Law of Meander，2007年11月，同济大学建筑与城市规划学院同名讲座。

②1985年，英国物理化学家、哲学家迈克尔·波兰尼在其名著《个体知识》中提出“默会知识”，即一种经常使用却又不能通过语言文字或符号等予以清晰表达或直接传递的知识。

## 参考文献

[1] 童寯. 江南园林志［M］. 北京：中国建筑工业出版社，1984：8.

[2] Bernardini L. *Ferdinando Galli Bibiena alla corte di Barcellona e la scenografia per la Festa della Peschiera*［J］. Quaderns d'Italià 2009（14）:131-158.

[3] Matteucci.A.M. L'influenza della《veduta per angolo》sull' architettura barocca emiliana［M］// *La scenografia barocca*, a cura di A.Schnapper, Atti del XXIV Congresso Internazionale di Storia dell' Arte，Bologna，1982:129-139.

[4] Profeti.M.G.Il viaggio della traduzione: atti del convegno［M］. Firenze: Firenze University Press，2006：210-214.

[5] Isabella.C.D.M., Isabella.C., Maria.S.A.*Giardini storici piacentini*［M］. piacenza，CASSADI RISPARMIO DI PIACENZA，1986：129-139.

[6] Leatherbarrow.D, *Uncommon Ground: Architecture*，*Technology*，*and Topography*［M］. London，Cambridge: MIT Press，2000：90-106.

[7] Shenstone.W.Unconnected Thoughts on Gardening［M］. London：The Works in Verse and Prose II，1764:291.

[8] Thacker.C.*The History of Gardens*［M］. University of California Press，1979:201-208.

[9] Leatherbarrow. D.*Architecture Oriented Otherwise*［M］. New York：Princeton Architectural Press:262-306.

[10] 彭一刚. 中国古典园林分析［M］. 北京：中国建筑工业出版社，1986：11-18.

[11] 计成著. 园冶注释（第二版）［M］. 陈植注释. 北京：中国建筑工业出版社，2009.

[12] 朱光亚. 中国古典园林的拓扑关系［J］. 建筑学报，1988（8)：33-36.

[13] 赵辰. 立面的误会［J］. 读书，2007（2)：129-136.

[14] 董豫赣. 品园小记之一　品苏州博物馆假山［J］. 风景园林，2013（2)：156-157.

[15] 黄晓. 吴彬《十面灵璧图》与米万钟非非石研究［J]. 装饰，2012（8)：62-67.

[16]（美）鲁道夫·阿恩海姆著. 艺术与视知觉［M］. 朱疆源译. 成都：四川人民出版社，1998.

[17] 彭一刚. 中国古典园林分析［M］. 北京：中国建筑工业出版社，1986：94.

[18] 王庭蕙，王明浩. 中国园林的拓扑空间［J］. 建筑学报，1999（11)：60-63.

[19] 王瑶. 园景剪辑——园景经营与电影剪辑的类比研究及其在郧阳博物馆中的应用［D］. 北京：北京建筑大学，2014：38.

[20] 王庭蕙. 无限维空间——园林、环境、建筑［J］. 建筑学报，1995（12)：32-40.

# 第七讲
# 中国古典园林设计为何不画平面图

## 八、平面的坍塌
## ——中国古典园林设计为何不画平面图

（原文载于《天津农业科学》，2017年第7期，作者：刘路祥，冯媛，田朝阳，题目略有改动）

**本节要义**：从西方建筑学的设计表达方法平面、立面和剖面入手，对中国传统园林和西方古典园林的案例进行分析、比较，发现西方古典园林由于沿用了西方建筑学的平立剖方法，其设计是基于欧氏几何二维面的平面设计，而中国古典园林是基于非欧几何的三维的空间设计。因此，中国传统园林的设计很难画出平立剖图，只能以烫样结合山水画的形式表达设计结果。现代计算机三维软件的出现，为中国传统园林的分析、设计、教学提供了有利条件，也为其传承提供了便利。

**关键词**：中国传统园林；西方古典园林；欧氏几何；设计方法；平面

在“立面的误会”一文中，赵辰针对梁思成引进的西方建筑学的“立面”概念，证明中国传统木构建筑体系中不存在西方古典建筑体系中的立面（facade）[1]，因为中国的木构建筑其屋檐之下的墙面完全被屋顶的斜面和出檐所压抑，中国的木构建筑是以坡屋面的屋檐示人的，而西方建筑是以由两坡顶而形成的三角形“山墙”面来面对人的。

在“剖面的视野”一文中，王澍介绍了滕头馆的设计过程：首先用多组剖面表示其建筑复杂的内部，再根据剖面做出模型，最后根据模型推出平面[2]。20世纪30年代，西方现代建筑大师阿道夫·路斯提出空间应该作为建筑设计核心："我并没有设计平面、立面、剖面，我设计空间[3]"，创造了著名的RUAMPLAN设计方法，即空间设计法，彻底颠覆了建筑设计从平面开始的设计程序，即葛明后来在东南大学空间教学改革中倡导的新的空间设计法——体积法[4, 5]。

这些现、当代建筑师对西方传统建筑设计程序和方法的反叛，引起笔者对平、立、剖设计程序的思考：西方建筑学的平、立、剖手段能否应用于中国古典园林的分析与设计，能否作为现代园林设计的准确方法？明代计成在《园冶》中提到"夫地图者，主匠之合见也"[6]，既然平面图有利于"主、匠之合见"，那么是何原因计成不画平面图，并且说"式地图者鲜矣"。本文试图通过中西园林案例分析，找到中国古典园林为何"式地图者鲜矣"的原因。

## 1 欧氏几何的面

欧氏几何主要是在平坦的空间下研究几何结构的，关注的是平面上的直线和二次曲线的几何结构和度量性问题，属于平面几何范畴[7]。按欧氏几何特征，在二维空间中三点确定一个面，图1中三角形、方形、圆形面都属于欧氏几何的面。其共性特征是所有的点都在一个"平"面，即二维度量。

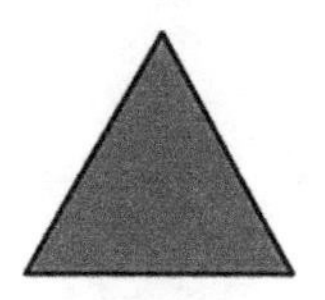

图1 欧氏几何的面

## 2 建筑的平、立、剖面

建筑的平面、立面和剖面都是三维、立体的建筑在图纸上的二维投影图，是一次十分典型的三维向二维的转化过程。建筑的平面、立面和剖面都是一种二维的面，属于欧氏几何的面的范畴。

### 2.1 建筑平面图

建筑的平面图，是建筑所有的墙壁在一个水平面上的一种抽象的投影图。它是假想用一水平的剖切面沿门窗洞位置将房屋剖切后，对剖切面以下部分所作的水平投影图（图2*b*）。对于多层建筑，一般每层有一个单独的平面图。如果是中间几层平面布置完全相同，这时就可以省掉相同的平面图，只用一个平面图表示。

### 2.2 建筑立面图

"立面图"是在与房屋立面相平行的投影面上所作的正投影图。其中，反映主要出入口或比较显著地反映出房屋外貌特征的那一面立面图，又称为正立面图（图2*c*）。通常也可按建筑朝向来命名，大致包括南、北、东、西立面图四部分。

### 2.3 建筑剖面图

建筑剖面是假想用一个或多个垂直于外墙轴线的铅垂剖切面，将建筑剖开，所得的投影图。剖面图（图2*d*）用以表示建筑内部的结构或构造形式、分层情况和各部位的联系等。剖面图的数量是根据建筑内部空间的复杂程度的具体情况而决定的。

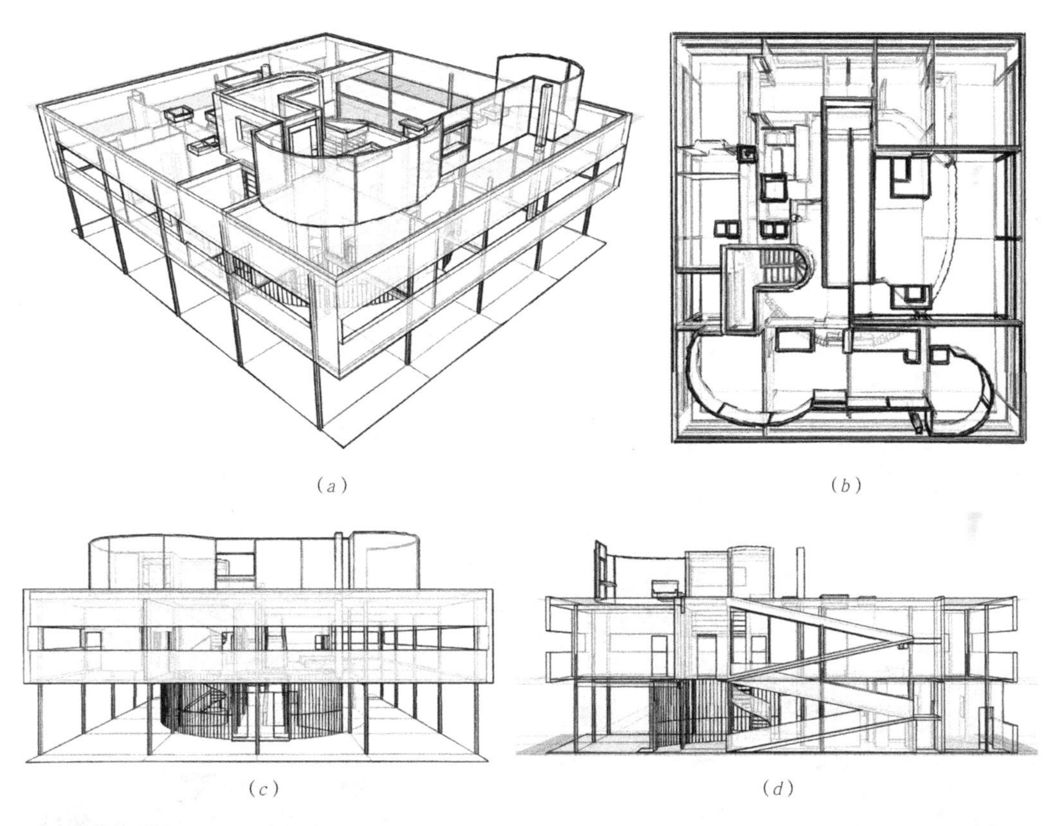

（*a*） （*b*）

（*c*） （*d*）

图2 萨伏伊别墅
（*a*）轴测图；（*b*）平面图；（*c*）立面图；（*d*）剖面图

## 3 西方古典园林中的面

西方园林的发展一直深受西方建筑学的影响，其园林设计存在建筑师的参与或直接以建筑师为主导进行设计[8]。建筑师在园林设计中通常采用西方建筑学传统的设计方法，专注于在平面上进行构图，用平面图、立面图和剖面图的表现手段来进行园林设计，其表达的手段当然也是欧氏几何的平面。

### 3.1 西方园林的平面

西方古典园林的要素及空间皆显示出明确的几何形式，尽管原始地形可能起伏不一，但其设计地形平坦、关注于平面构图，发展成为平面化的园林，尤其法国古典主义园林被人们称为“平面图案式园林”[7]。

法国古典主义园林把园林作为建筑空间来看待，以期园林与建筑的统一，园林趋于建筑化。其园林主景是图案式花坛，大都以绿篱和花草为材料，在大地上描绘各种图案，几乎是在平坦的地面上进行的，故此其园林和建筑一样当然有平面，而且平面可以真实、准确、直观地表现其园林的形式和内容。

以沃-勒-维贡特庄园为例。整个平面化的园林（图3）看起来像是在平坦的地面上进行的绘画，表现出的是欧氏几何的面，如建筑平面一般。即便是在有落差的洞府和挡土墙处（图3*c*），其处理手法也是用草地形成的倾斜的面。

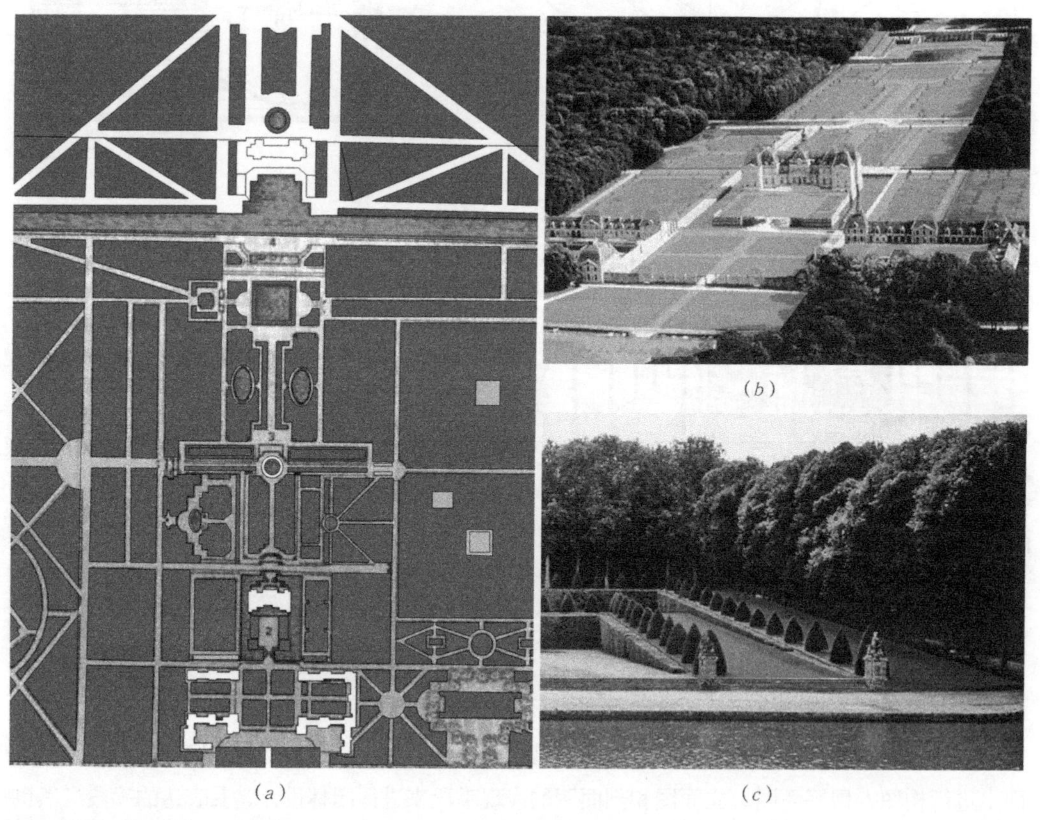

（*a*）　（*b*）　（*c*）

图3　沃-勒-维贡特庄园
（*a*）平面图；（*b*）鸟瞰；（*c*）斜面

### 3.2 西方园林的立面

意大利台地园在设计中把每层台地处理成平面，形成类似于建筑的楼层。落差较大的地方处理成像建筑的立面一样，高差较小的地方层与层之间用倾斜的面进行连接，故此意大利的台地园表现出明显的类于建筑的立面。

如埃斯特庄园，将庄园设计成一个建筑式整体，花园作为建筑的延伸与补充部分。花园分三个段落：相对平坦的底层台地、错落有致的一系列台层组成的中层台地和顶层台地。自入口台地向顶层台地望去是一个俨如建筑的立面（图4）。埃斯特庄园的百泉台（图5）的立面处理丰富，类似的立面处理还有加尔佐尼庄园台地入口（图6）。

图4 埃斯特庄园

图5 埃斯特庄园百泉台

图6 加尔佐尼庄园

### 3.3 西方园林的剖面

西方古典园林剖面如建筑剖面一样一般较简易，用少量的剖面就可以清楚地表达其园林地形的高差变化。菲耶索勒美第奇庄园（图7）的三层台地，其剖面俨然像建筑的剖面，甚至一个剖面就可以清晰地表示出园林的地形。如冈贝里亚庄园（图8）和兰特庄园（图9）少量的剖面就可以详尽地表达其地形变化。

图7 菲耶索勒美第奇庄园

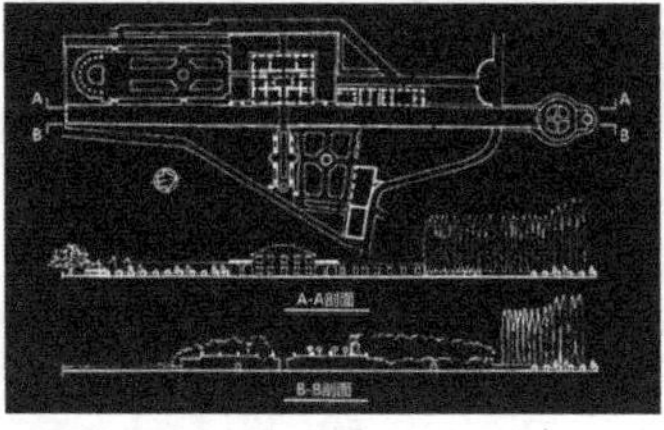


图8 冈贝里亚庄园

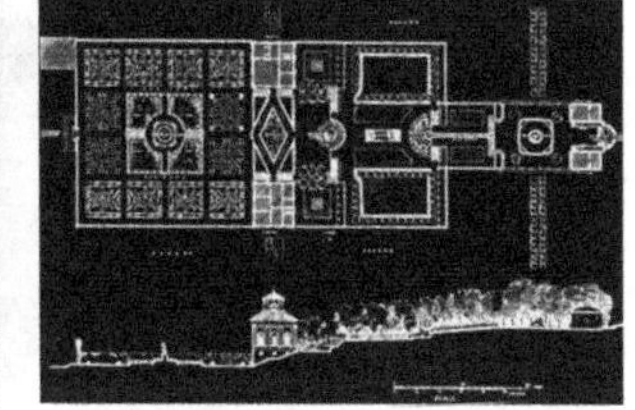

图9 兰特庄园

## 4 中国古典园林中“面”的坍塌

童寯先生首次以西方建筑学方法测绘图纸的形式记录江南园林。新中国成立后，刘敦桢先生对苏州园林重新测绘。随后测绘苏州园林的还有陈从周先生和彭一刚先生[9]。但是，所有测绘的平面图中，难见其对高程的记录，也没有显示等高线。

彭一刚先生的《中国古典园林分析》用大量平面图、剖面图、透视图形式来表述和分析古典园林空间[10]。然而，彼得·拉茨早已言明："景观（园林）与建筑不同，用平面图、侧面图、剖面图和透视图来表现景观空间是不够详尽的"[11]。

### 4.1 平面的坍塌

中国古典园林地形多变，空间丰富。图10、图11均为留园剖面图，通过这两幅图可以明

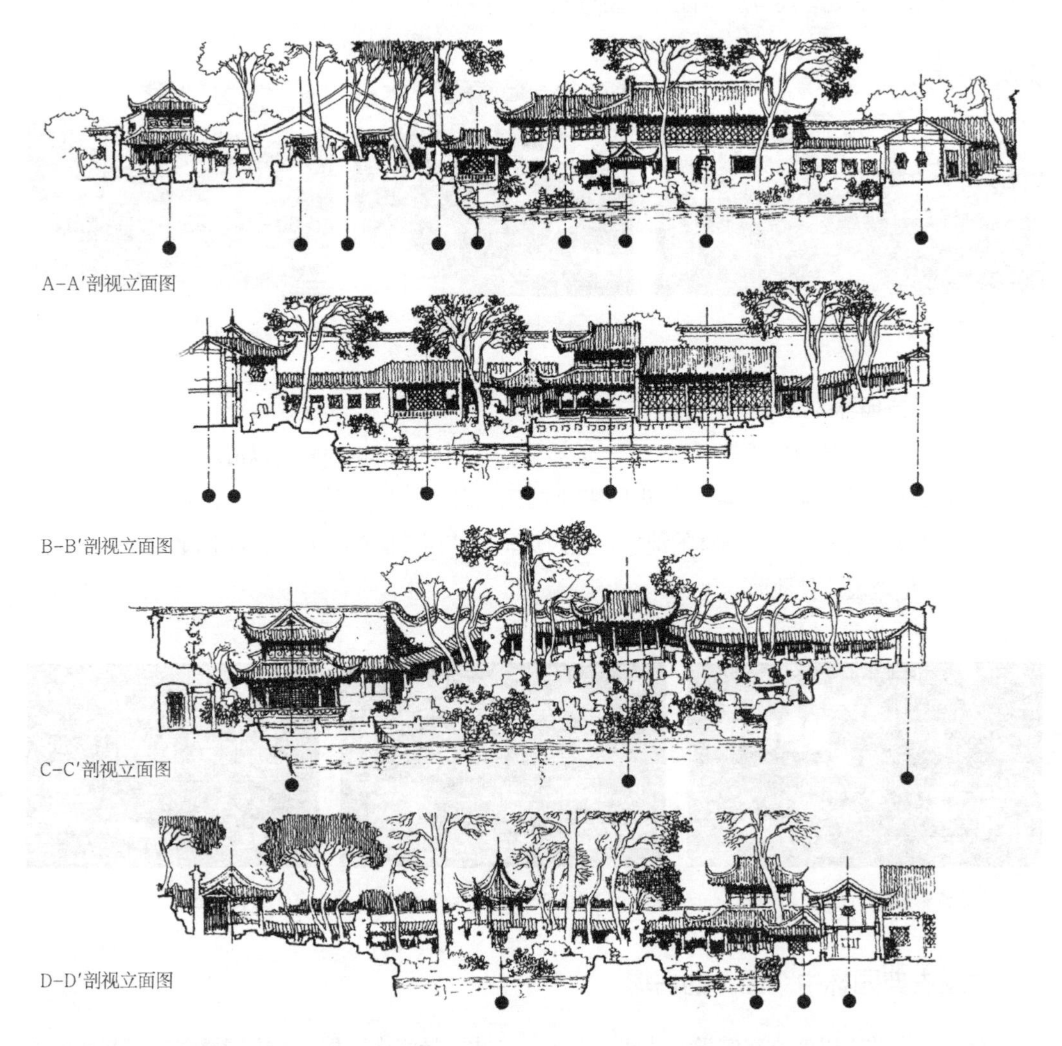


图10 留园剖视立面图

显感知留园内地形高差起伏多变，空间层次丰富。图12为留园平面图，彭一刚先生是按建筑平面图的绘制方法将园林所有的建筑、植物、假山、水体、地形等立体的元素投影到二维的图纸上，得到一张二维的平面图。然而，与西方园林的平面图案式园林不同的是，这样得来的平面图根本无法真实、准确地表达中国古典园林丰富的空间和地形变化。

从立体的园林投影到二维的纸面上得到园林平面的过程中（见图12），可以看到园林高低

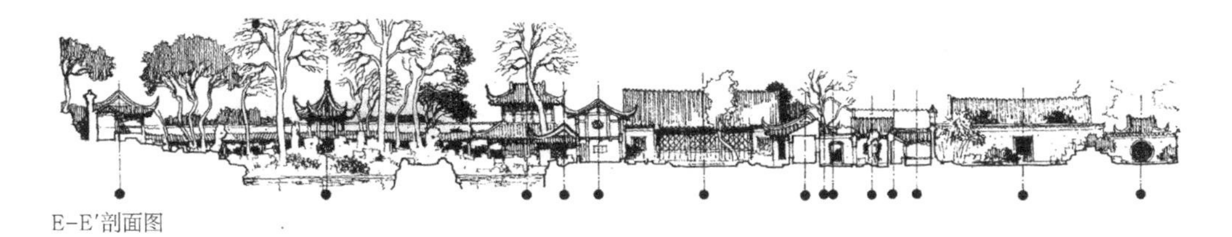


图11　留园剖面图

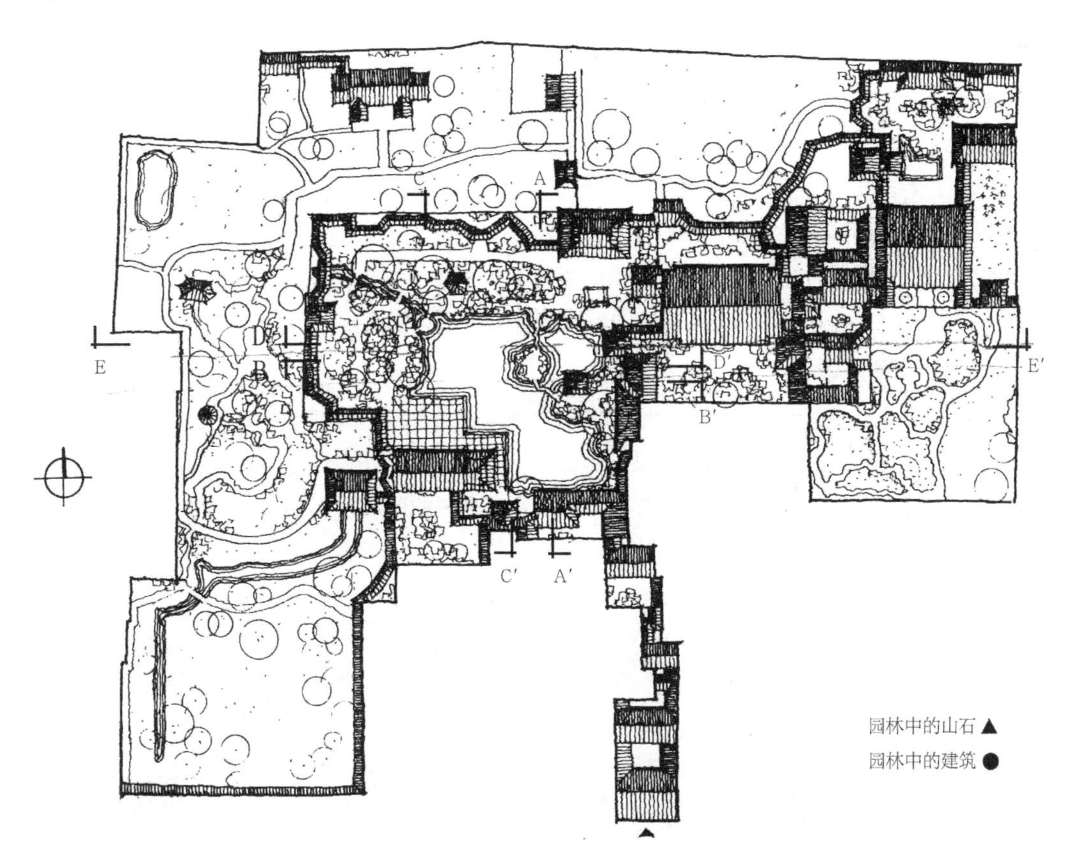


图12　留园平面图

错落的地形消失了，假山的高度无法判断了，视线是渗透还是阻隔无法感知了，而这些都恰是古典园林的迷人之处。所以，平面图根本不具备表达中国古典园林空间的能力。此外，中国古典园林地形错落，层次丰富，应该每层都有一个平面，但由于其地形高差起伏过于多变，其平面图根本无法尽数画出。面对中国古典园林空间，园林平面是“失意”的，深谙造园之事的计成当然知道这一点。

### 4.2 剖面的坍塌

彼得·拉茨虽深知园林与建筑的不同，然深受西方文化背景影响的拉茨为尽可能详尽地表达园林空间的构成和水平面的落差最后只得从平、侧、剖、透中挑出剖面图作为优选[12]。笔者认为彭一刚先生也肯定认识到了中国古典园林中平面是“失意”的，所以彭先生又用了大量的剖面来弥补平面的弊端。

对比留园的B-B′剖面和D-D′剖面（见图10），虽两个剖面位置很近但剖面之间的差别很大，这说明留园的地形变化的丰富。为尽可能明了地表达留园的空间，彭一刚先生用了多组剖面来表现其地形的变化。然而，对于空间如此丰富、地形变化如此之多的中国园林又需要多少剖面来表示呢？又岂是有限的剖面能够表述得清楚的？所以，中国古典园林即便选用剖面也无法详尽地表达出园林空间的构成和地形的变化。

此外，对比留园平面（见图12）和剖面（见图11），可以看出，图11不仅将这条剖切线上的建筑、地形等画了出来，而且将后边的可亭投影到剖面上，彭一刚先生的剖面其实际是建筑中的所谓的剖立面。对于这张剖面所有的元素都在一个面上，如何用来分析视线，视线是被遮挡还是渗透如何判断？可能还需要透视图等其他方式再来辅助表达。

### 4.3 立面的坍塌

中国古典园林小到一块石头，一座假山，大到一座园林都有无数多的立面。图13为吴斌的《十面灵璧图》[13]，可以看出一块灵璧石十面各不相同，而且图中的十个面其实不在一个平面上，每一个面由无数个面组成。王欣有言“假山就是中国的建筑学”[14]，他的源自吴斌的《十

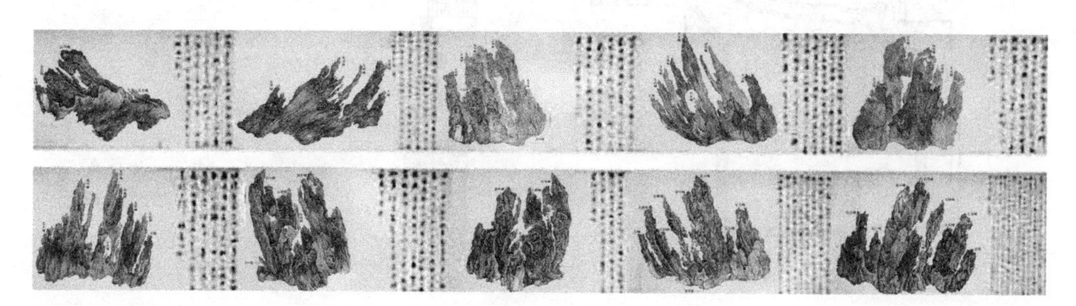

图13 《十面灵璧图》

面灵璧图》而作的建筑“十面灵璧”[15]（图14），有和灵璧石一样或是更多的立面，再到他的建筑“拈石掇山”[15]（图15），模仿中国古典园林的假山，建筑的立面更是难以尽数。故此王欣直接放弃传统建筑的立面而是用建筑模型来表现他的建筑。

中国的假山（图16），将不仅仅是王欣的建筑“拈石掇山”所能表达的，它将有无数的立面。对于一座地形高差丰富、空间变幻无穷的中国古典园林，可想而知，它将有无数的立面。

图14　十面灵璧

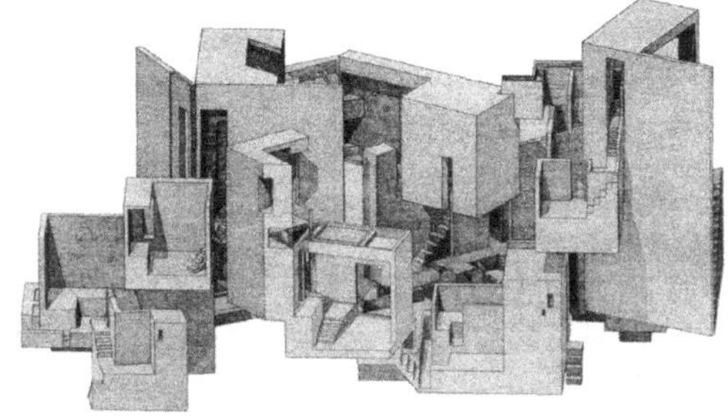

图15　拈石掇山

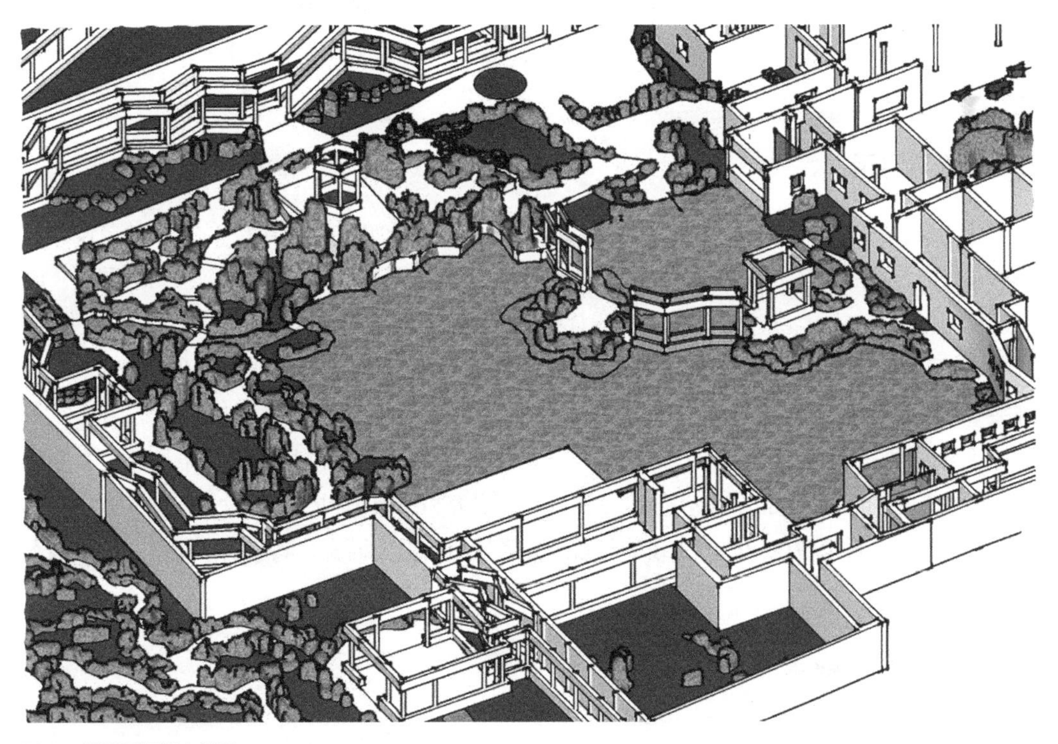

图16　留园局部假山模型

## 5 中国园林的四维时空设计与西方园林的三维空间设计

马克·特雷布（Marc Treib）在1992年提出现代景观设计在于对空间而不是平面和图案的关注，设计应该具有“三维性”[16]。美国第一代景观大师盖瑞特·埃克博（Garrett Eckbo）在1937年的《城市花园设计程序》中指出“人是生活在空间中、体量中，而不是平面中。”他强调景观应该是运动的而不是静止的，不应该是平面的游戏而是为人们提供体验的场所[17]。阿道夫·路斯、马克·特雷布、盖瑞特·埃克博等大师提出建筑或景观设计是对空间的关注是在20世纪，而中国古典园林已经存在上千年。

中国古典园林“入境式设计”方法避免了图面设计的缺陷，而且是以人的体验为核心的时空合一的四维设计方式。但由于技术和社会条件的限制，这种设计方法一直未兴起。随着计算机技术的不断涌现和进步，近年来大量三维软件的运用拓展了景观设计的表现空间。以Sketch Up、3D Max等为代表的三维设计软件以及四维（人的运动加入了时间维度）的动画表现，对于景观环境研究与设计本身更加方便，景观分析与设计语言的表达更加生动、直观，极大地深化了设计研究的深度与维度。虚拟真实的时空设计已经变得很容易，我们老祖先创立的在现场真实中转来转去和搬来搬去的设计和修改的方法显现出了极大的优越性。技术条件已经趋向成熟的今天，中国古典园林的“入境式设计”方法是时候崛起了或者说这种设计方法已经开始崛起。

## 6 结论与启示

中国园林起源于山水画，园林的设计本身不是从平面开始的，《园冶》的作者计成设计园林所采用的方法就是在现场中转来转去、边体验边构思的设计方法，王绍增教授将之称为“时空设计法”或“入境式设计法”[18, 19]，设计的表现通常以写意的山水画或制作模型（“烫样”）的形式来表达。这种设计方法从头到尾根本无须画出平面图，这也是计成为什么说“式地图者鲜矣”的原因，计成的这种造园方法当然也无须画出剖面图和立面图。

不同的理论必然导致不同的设计结果，而中西方园林形态上的巨大差异正是入境式方法与图面式方法的外化表现。从某种意义上说，深入研究和发展中国的传统设计理论、方法，并引入教育体系，对于造就我国本土设计与营造体系特质的努力而言，其影响作用可以说是根本性的。

## 参考文献

[1] 赵辰．“立面”的误会［J］．读书，2007（2）：46-47．
[2] 王澍．剖面的视野［J］．时代建筑，2010（2）：81-88．
[3] Karal Lhota.Architekt AdolfLoos［J］. Architekt SIA32.Tg.（Prague），1933:143.
[4] 葛明．体积法（1）——设计方法系列研究之一［J］．建筑学报，2013（8）：7-13．
[5] 葛明．体积法（2）——设计方法系列研究之一［J］．建筑学报，2013（9）：1-7．
[6] 计成著. 园冶图说［M］. 赵浓注释．济南：山东画报出版社，2003:103.
[7] 朱建宁．几何学原理与规则式园林造园法则——以法国古典主义园林为例［J］．风景园林，2014（3）：107-111．
[8] 王向荣，林菁. 西方现代景观设计的理论与实践［M］．北京：中国建筑工业出版社，2002.
[9] 孙立卓.“园林话语”与当代中国本土建筑创作［D］. 昆明：昆明理工大学，2014：9-16.
[10] 彭一刚．中国古典园林分析［M］．北京：中国建筑工业出版社，2007：39-42．
[11] 瓦尔特·茨朔克. 手法与景观——彼得·拉茨访谈录［J］. 刘玉树译．中国园林，2008（7）：40-41．
[12] 王绍增．拉茨的睿智与茫然——读访谈录《手法与景观》有感［J］．中国园林，2008（7）：42．
[13] 黄晓．吴彬《十面灵璧图》与米万钟非非石研究［J］．装饰，2012（8）：62-67．
[14] 王欣．建筑需要如画的观法［J］．新美术，2013（8）：31-53．
[15] 王欣．如画观法［M］．上海：同济大学出版社，2015：59-113．
[16] 马克·特雷布．现代景观：一次批判性的回顾［M］．丁力扬译. 北京：中国建筑工业出版社，2008.
[17] 成玉宁．现代景观设计理论与方法［M］. 南京：东南大学出版社，2010：47．
[18] 王绍增．论中西方传统园林的不同设计方法：图面设计与时空设计［J］．风景园林，2006（6）：18-21．
[19] 王绍增．论《园冶》的“入境式”设计、写作与解读方法［J］．中国园林，2012（12）：48-50．

# 第八讲
# 中西方古典园林的线、形及空间单元模式

## 九、基于线、形分析的中西方园林空间解读

（原文载于《中国园林》，2015年第1 期，作者：田朝阳，闫一冰，卫红）

本节要义：从构成空间的点、线、面入手，分析传统与现代、中国与西方园林空间的动态特征。结果表明，西方古典规则式园林由简单线、简单形、简单空间构成，其空间特性为静止的三维空间，是科学的理性思维的产物；中国传统园林由复合线、复合形、复合空间构成，其空间特性为动态的、融入时间要素的四维空间，是艺术的诗性思维的结果；英国自然式园林介于二者之间。与中国传统园林相似，现代园林也运用了复合线构成的复合形来塑造复合空间。

关键词：风景园林；简单空间；复合线；复合形；复合空间；阳角空间；阴阳角空间

园林是空间的艺术。与建筑空间一样，园林空间由点、线、面、体构成，核心是空间单元、空间结构、空间序列[1]。艺术家保罗·克利曾说过："线条不仅是轮廓，它是推力、运动、力量、关系。"线的起点是点。本文试从点、线出发，分析它的运动轨迹、图形构建和空间塑造，以期更理性地探索形成园林空间的基本密码——空间单元。

风景园林是处理生活、生产环境中人与自然关系的学科。这里的自然，指的是地球表面的水圈、大气圈、生物圈和岩层圈。本文所言的自然，皆为此含义。

## 1　抽象的线、形、空间及动态

点的运动产生线，线的封闭产生形，形的立体化构成空间。

### 1.1　点的运动与线的类型及动态

几何学对“线”的定义是：线是点移动的轨迹。当点向一个方向移动时，就成为直线；当点在移动过程中经常同向连续变化方向时，就形成曲线；当点的移动出现异向方向间隔变化时，则为折线[2]。如果线由其中一种线的类型构成，称为简单线。如果线由其中两种以上的线段类型连接而成，称为复合线。由三种线构成的复合线最为复杂（图1）。

### 1.2　线的运动与形的类型及动态

图1　线的类型
(a) 简单线的类型；(b) 复合线的类型

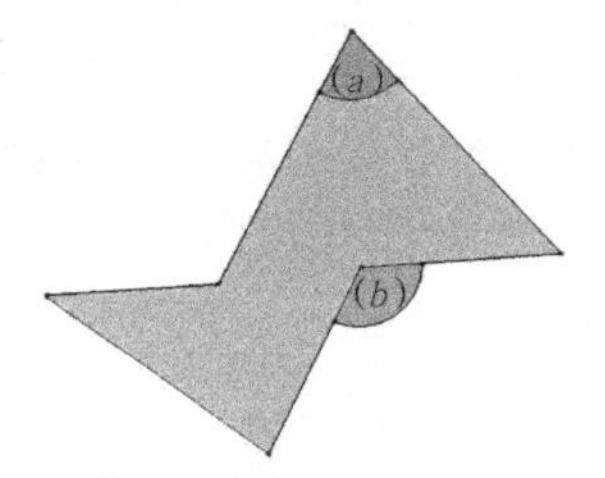


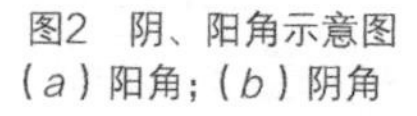

图2　阴、阳角示意图
(a) 阳角；(b) 阴角

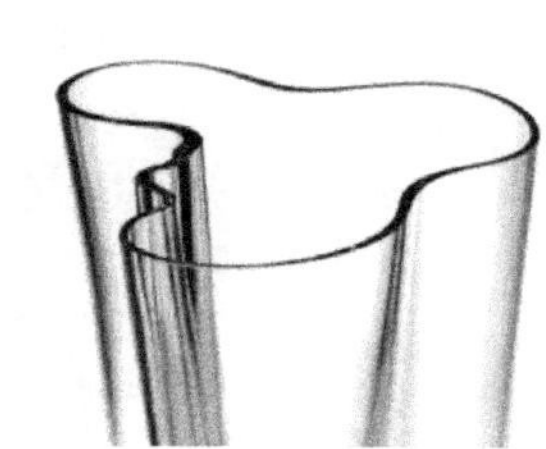

图3　阿尔托花瓶
(资料来源：www.chla.com)

线的封闭构成形。同向弯曲的曲线形成外凸角，围合成为阳角图形；反向弯曲的曲线形成内凹角与外凸角，围合为阴阳角图形。这种阴阳角图形与阿尔托花瓶平面同样不规则，有如阿米巴变形虫，因此这种图形也被称为阿米巴形[3]。同向转折的直线形成阳角图形，反向转折的直线形成阴阳角图形（图2、图3）。由点沿一个方向（顺时针或逆时针）运动产生的线段构成的形称为简单形，简单形是由阳角构成的图形，连接其任意两角点形成的直线都在图形内；由点沿不同方向运动产生的线构成的形称为复合形，复合形是由阴、阳角共同构成的图形，连接其任意两角点形成的直线并不全在图形内，可以拆分为两个以上的简单图形（图4）。

### 1.3　形的运动与空间的类型及动态

形的立体化运动构成空间。运动和视觉是影响空间感受的两个根本原因，空间界面正是通过对视线和运动的阻挡使人意识到空间的存在。基于园林空间的可视性更为重要，此处的空间为可视空间。

阳角图形能够界定的空间，称为简单空间。其空间边缘或内部的任何一点都能看到空间边缘或内部的任何一点，不会促使人的运动，因而是静态的。阴阳角图形界定的是复杂的空间，根据格式塔心理学中的完美图形原则，可以拆分为多个趋于完整的简单空间[4]，称为复合空间。复合空间边缘或内部的任何一点都不能看到空间边缘或内部的任何一点，促使人的运动，

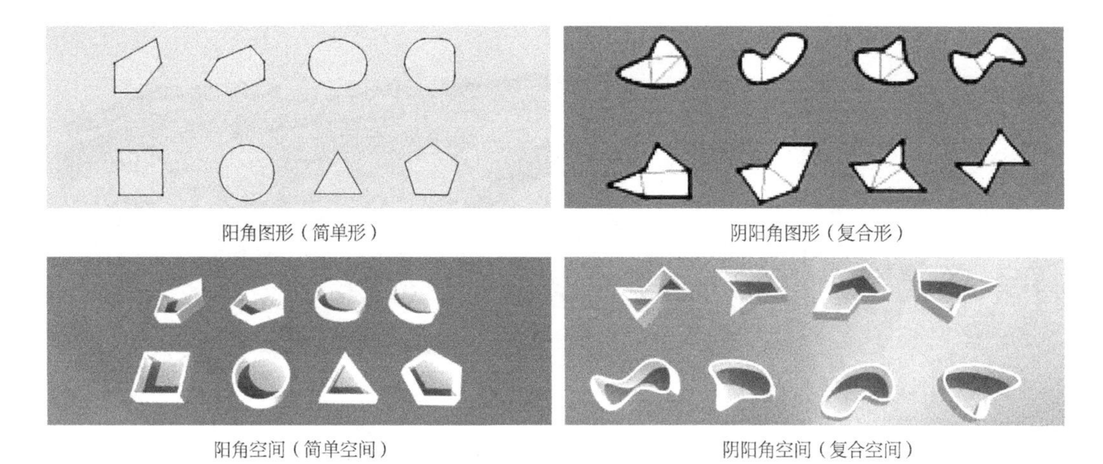


图4 形与空间的类型

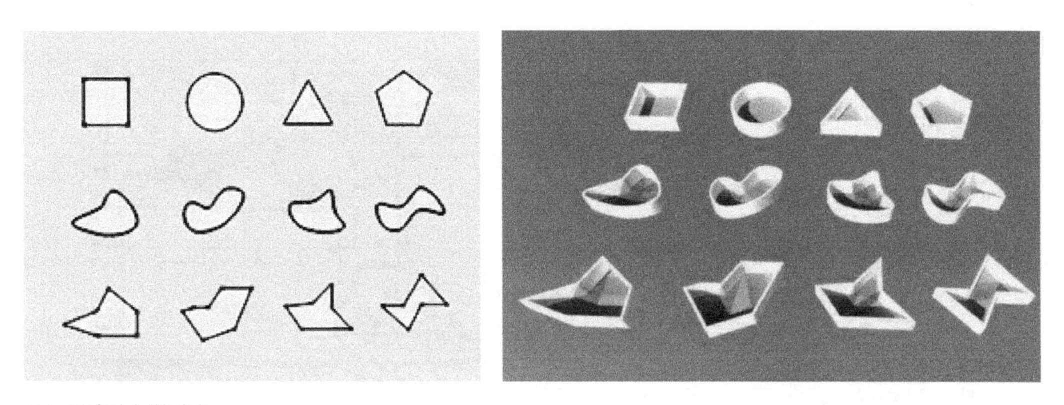

图5 形与空间的动态

因而是动态的，诱使人们前往探索[5]（图5）。

## 2 园林中的线、形、空间及动态

### 2.1 古典园林中的基本线

从园林平面中明显的线条——水岸线、桥线、廊线、假山线、建筑线、园路线等可以直观地看出，以凡尔赛园林为代表的17世纪西方规则式园林的基本线型为直线以及微量的曲线；18世纪英国自然式园林如邱园中是直线、曲线各半；中国古典园林中则以直线、折线、曲线相互衔接穿插，巧妙交融形成复合线。由于建筑、廊、道、假山及石砌驳岸的大量应用，中国古典园林平面中的折线远多于直线及曲线（图6、图7）。

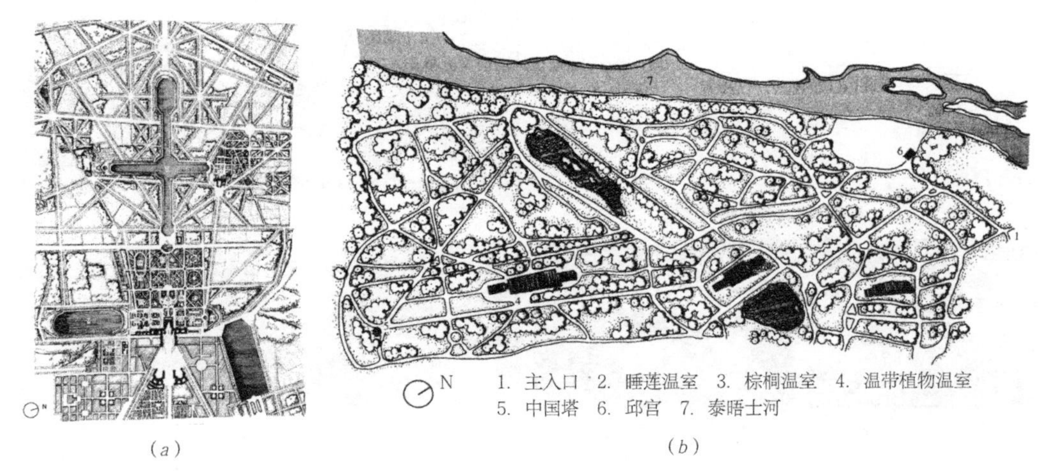


图6 法国凡尔赛园林与英国邱园平面[6]
(a)法国凡尔赛园林；(b)英国邱园（19世纪）

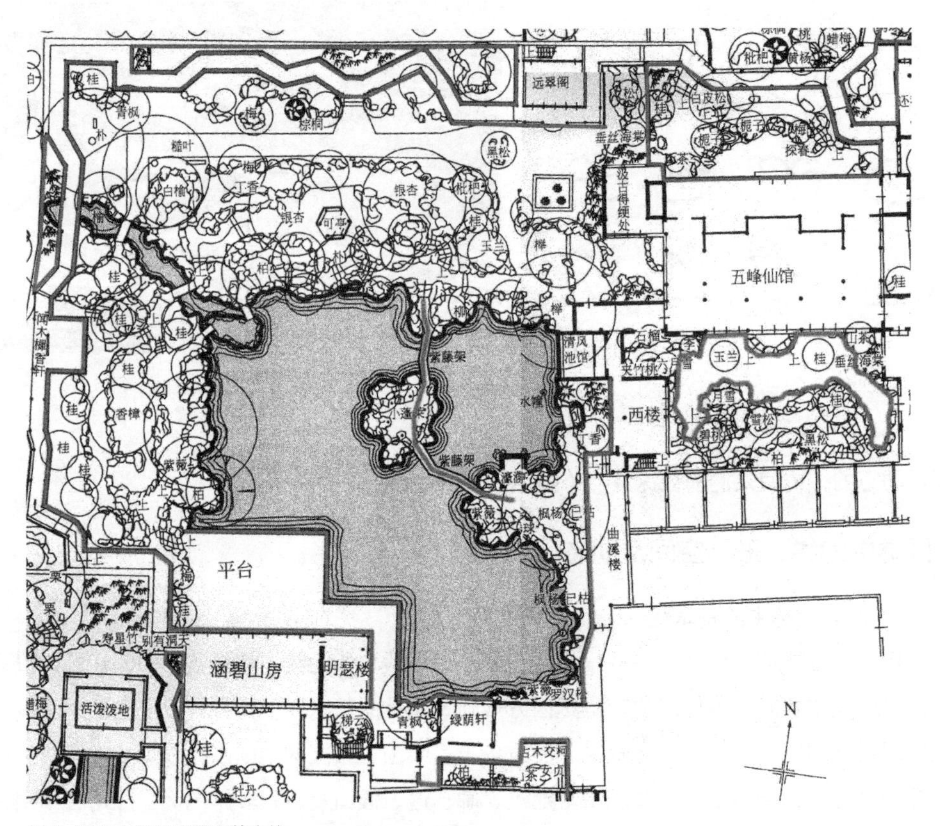


图7 留园中部景观平面基本线
（资料来源：魏民. 风景园林专业综合实习指导书［M］. 北京：中国建筑工业出版社，2000.）

### 2.2 古典园林中的基本形

西方规则式古典园林中主要由直线围合的是三角形、矩形、正方形、多边形等简单阳角图形；英国自然式古典园林中主要由曲线围合的是阿米巴阴阳角图形；中国古典园林中则由多种复合线围合出多样变化的复合阴阳角图形（图8、图9）。

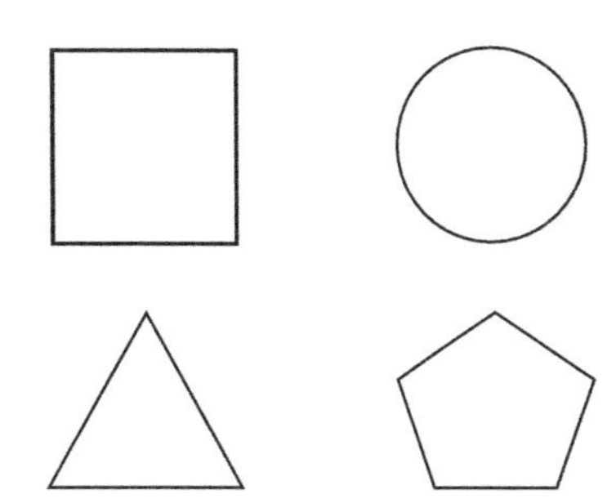

图8 西方规则式古典园林简单形

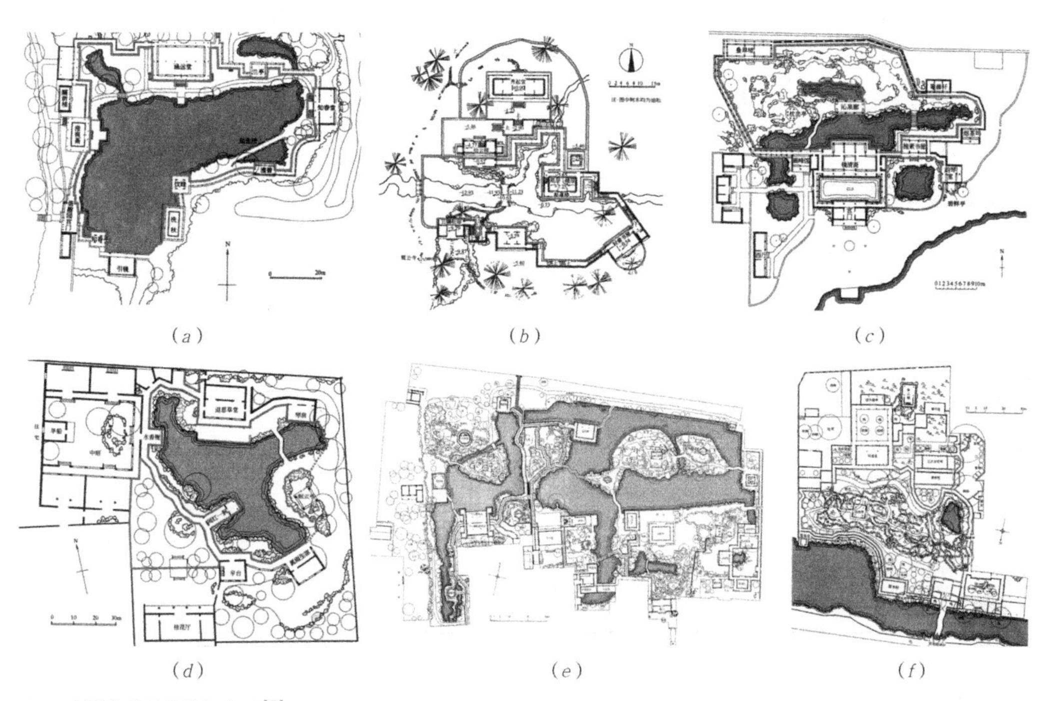

图9 中国古典园林的复合形[7]
（*a*）北京颐和园谐趣园；（*b*）承德避暑山庄秀起堂；（*c*）北京北海公园静心斋；（*d*）苏州退思园；（*e*）苏州拙政园；（*f*）苏州沧浪亭

### 2.3 古典园林中的基本空间

西方规则式古典园林主要由三角形、矩形、正方形、多边形等简单阳角图形构成阳角空间；英国自然式古典园林主要由阿米巴阴阳角图形构成缓变的阴阳角复合空间；中国古典园林则由多种复合形构成多样变化的突变的复合阴阳角空间。

### 2.4 古典园林中线、形、空间的动感

西方规则式古典园林中，直线多以90° 和45° 相交，表现出理性、平静的特质，给人以稳定之感；英国自然式古典园林的S曲线式构图以圆滑、温和的方式展现缓变；而中国古典园林除了直线与曲线以外，在计成近乎叛逆的创新设计中，从旧有的90° 直角折线中脱颖而出一种新的线型——“之”字形折线。“古之曲廊，俱曲尺曲。今予所构曲库，之字曲者，随形而育，依势而曲。”这种“之”字形折线“或蟠山腰，或穷水际，通花渡壑，蜿蜒无尽”，向着不同景物的不同位置发生两可甚至多可的转折[8]，展现出无尽的变化与动感。

西方规则式古典园林中的简单形——三角形、圆形、多边形造成简单、纯粹、稳定的心理感受；英国自然式古典园林中圆润过渡的阿米巴形开始有复杂、温和、缓变的动态效果；中国古典园林中三种线型围合的充满各种角度的复合形充满了神秘、冲击、突变的无尽动态。

西方规则式古典园林多为静止空间；英国自然式古典园林中较多地表现出缓慢变化的空间；中国古典园林中大部分的空间形式是包含多个简单空间的复合空间，其线、形的多样性与动态塑造了步移景异的空间感受，有静止的空间、缓变的空间以及突变的空间（表1）。

**园林中线、形、空间及动态比较** **表 1**

| | 基本线 | 基本形 | 基本空间 | 空间形态 | 动态 |
|---|---|---|---|---|---|
| 西方规则式园林 | 直线 | 简单形 | 简单空间 | 单一 | 静态 |
| 英国自然式园林 | 直线、曲线 | 阿米巴图形 | 阿米巴形空间 | 比较复杂 | 缓变 |
| 中国古典园林 | 直线、曲线、折线 | 复合形 | 复合空间 | 非常复杂 | 突变 |
| 现代园林 | 直线、曲线、折线 | 复合形 | 复合空间 | 非常复杂 | 突变 |

### 2.5 现代园林中的线、形、空间及状态

托马斯·丘奇的“加州花园”是现代景观的先河，在1948年阿普斯托花园的平面设计中成功地把直线、阿米巴曲线、折线融合在了一起[9]。王向荣在现代感极强却又充满中国意境的竹园平面设计中采用的折线与曲线的结合大放异彩[10]。玛莎·舒瓦茨的迷宫园应用直线墙体形成折线路径，将折线的空间效果发挥到了极致，在有限的场地中营造出回环无尽的空间感受（图10）[11]。曲线、直线、折线的相互穿插和排列给人造成平衡或动荡的感受，现代园林因其丰富的线型组合构成多样的图形，有阳角图形，但更多且更具现代主义色彩的是由复合线围合而成的复合形。不同图形和它们各自独特的属性塑造了更加丰富的空间表现形式。现代园林中复合空间形态多不可数，不拘一格，与中国古典园林有异曲同工之妙。

（a）

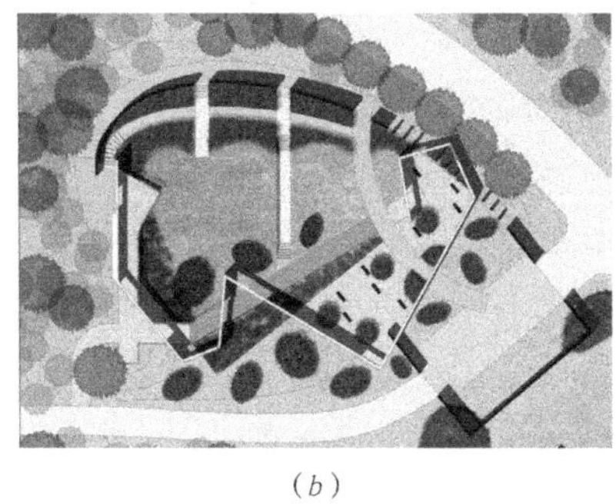

（b）

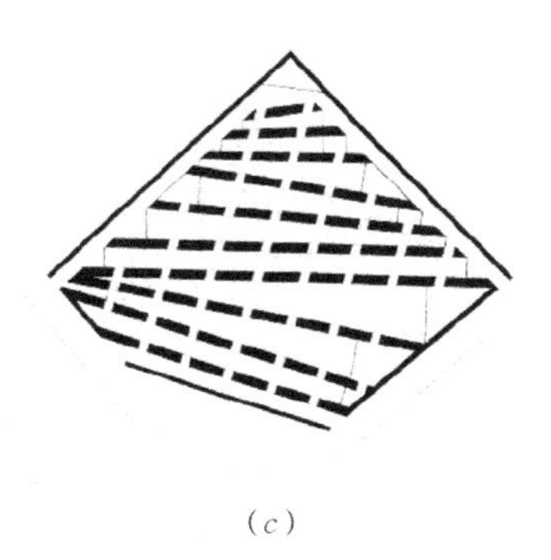

（c）

图10　现代园林案例
（a）阿普斯托花园[11]；（b）竹园（资料来源：www.chla.com）；（c）与迷宫园[12]

## 3　结语

### 3.1　直线、曲线和折线的有机结合为现代园林提供了全新的设计语汇

早期西方园林惯用直线，而曲线和折线是西方规则式古典园林中几乎没有的构图元素，它们为西方园林提供了全新的形式语汇。曲线成就了英国17～18世纪的自然式园林，打破了西方规则式古典园林的统治地位。

规则的建筑与外围自然景观之间的过渡，一直是困扰西方园林的难题。折线的出现，为这种转换提供了有效的设计语汇。可以说，“锯齿形”折线成就了代表现代园林先例的“加州花园”，其开创者托马斯·丘奇也因此被誉为“第一位伟大的现代主义设计师”[12]。

### 3.2　复合线、复合形、复合空间为现代园林提供了全新的构图原理

与西方现代构图理论中的简单线、形、空间的原型——基本几何形完全不同，中国古典园林构成理论中线、形、空间的原型是复合线、复合形、复合空间，具有不规则性、多变性、自由性、模糊性、复杂性、流动性、动态性等特征。这些复合线、形、空间是尊重自然、师法自然的结果，是在现场真实时空中“相地”后结合构思所成就的“时空设计”，为现代园林设计提供了全新的构图原理[13]。

### 3.3　自由线、动态平面、流动空间为现代园林提供了全新的设计理念

对照现代园林设计的五项原则[12]：①对历史传统的否定（规则的新古典主义和S曲线的自然主义）、②对空间而不是图案的关注、③景观是为人的活动设计的、④消除轴线体系、⑤植物不是构成图案的工具而是构成空间的材料，可以看出，西方现代园林正是由于融合了中国古典园林自由平面和流动空间的精髓，才具有现代性。没有中国古典园林的自由构图以及动态的平面，也许就没有所谓的西方现代园林。

如果说密斯的巴塞罗那德国馆，为现代建筑提供了全新的流动空间观念。那么，加州花园这种带有露天木制平台（锯齿线）、游泳池（阿米巴形曲线）、不规则种植区域和动态平面的小花园，正是体现了现代园林设计原则的第一条，利用折线将规则的新古典主义的直线和自然主义的S曲线结合起来，彻底肢解了统治西方园林几千年的中规中矩的古典构图，为人们创造了户外生活的新方式[12]。而中国人已经在这种自由平面所构成的流动空间中生活了上千年。

### 3.4 简单线、简单形、简单空间是对自然的否定

在现代园林开创时期，美国草原景观设计师延斯·延森曾不无极端地提出："直线是从建筑师那里复制而来的，并不属于园林，直线同自然没有关系，园林属于自然的一部分，而自然是所有艺术形式的来源"[14]。直线、简单形及其构成的静态平面及简单空间是对人工规则式农田、花圃、药圃、牧场、果园、林地的模仿[13]，是对自然界真实形态的歪曲。西方园林设计的基本几何形构图理论，与其说是对自然界复杂形态理性的简化、抽象，不如说是对自然界复杂性的否定。Less Is More= Less Is Boring。卡普兰夫妇对环境偏爱的实验证明，具有复杂性、神秘性的自然景观是人们最喜欢的[14]，而过于简单的西方园林空间或过于复杂的迷宫空间是不被人们广泛接受的，因为它们来自人造。

### 3.5 理性思维的局限与诗性思维的智慧

简单、抽象的理性思维对应的是复杂、具象的诗性思维。自然界的空间是复杂的，来自自然中的人——同时作为脆弱的生物与百万年的狩猎者——需要复杂的空间，园林作为自然的替代品，不需要简单、抽象的理性思维，需要具象、复杂的诗性思维。诗性思维使人回归事物本源，是人类最原始、最具创造力的思维方式[15]。正像延森提出的那样："直线代表专制，大多数欧洲园林只不过是一种表象，它们的目标令智慧倒退，智慧和思想被这样的监狱关闭再也无法逃脱。而自由的思想创造出来的曲线则永远不会被窒息而死"[12]。

### 3.6 阴阳角与拓扑同构

拓扑学是"研究几何图形在一对一的双方连续变换下不变的性质，这种性质称为'拓扑性质'"。朱光亚先生将中国古典园林平面结构中的向心、互否和互含三种不变的关系，智慧地统一在太极图的形式表达中（图11*a*）[16]，王庭蕙先生将太极图变化为多个同构图形（图11*b*）[17]。如此，复合线封闭变为复合形，复合形立体化变为复合空间，它们具有不变的性质，就是点沿双向移动形成的阴阳角的存在。我们可否根据中国园林中不变的性质——阴阳角，将太极图作如下拓展呢（图11*c*）?

中国园林中不仅有令西方羡慕的曲线，《园冶》中计成大师更是将"曲"字折改为"之"字折，而不改变太极图中的哲学意义。一字之差，展现出中国古人的智慧和创造力，点出了园林的真谛，道出了中国园林的先进性。正像朱光亚先生所揭示的那样，现代数学的重要分

支拓扑学产生于西方的18世纪，但是，在中国具有上千年历史的古典园林中却是广泛应用的一种中国人的集体无意识的文化现象[16]。也许，中国古典园林中，还有很多智慧有待我们后人解读。

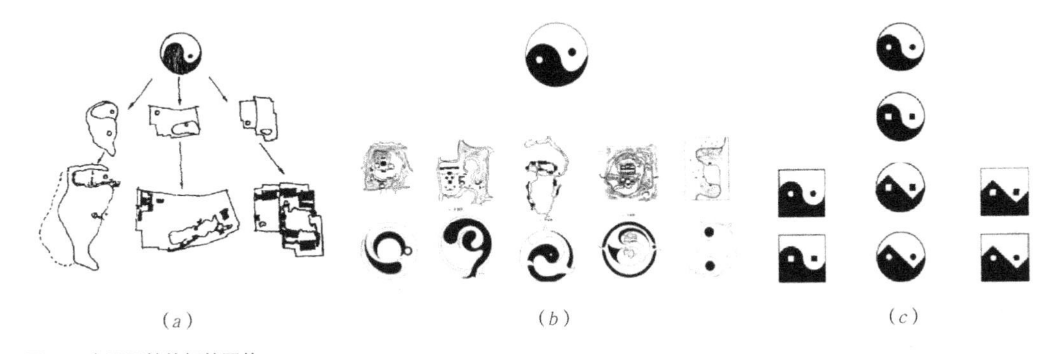


图11　中国园林的拓扑同构
(a)朱光亚的拓扑图；(b)王庭蕙的拓扑图[17]；(c)新的拓扑衍生

## 参考文献

[1] 张毓峰，崔艳. 建筑空间形式系统的基本构想［J］. 建筑学报，2002（9）:55-57.
[2] 孙彤辉. 平面构成［M］. 武汉：湖北美术出版社，2009.
[3] 叶存玉. 遗产继承抑或手法主义的滥觞——以小住宅设计为主要线索的迈耶设计中曲线应用的发展回顾［J］. 四川建筑科学研究，2014，40（3）:303-306.
[4] 张纵. 论风景园林设计平面构成的拓扑性质［J］. 南京农业大学学报，1992，15（1）:20-26.
[5] 刘志成. 中国古典园林的“易读性”与“神秘性”［J］. 风景园林，2014（3）:81-84.
[6] 朱建宁. 西方园林史——19世纪以前［M］. 北京：中国林业出版社，2008.
[7] 魏民. 风景园林专业综合实习指导书［M］. 北京：中国建筑工业出版社，2007.
[8] 董豫赣. 模棱两可化境八章（三）［J］. 时代建筑，2008（6）:78-83.
[9] 王向荣，林菁. 西方现代景观设计的理论与实践［M］. 北京：中国建筑工业出版社，2002.
[10] 吴军基，田朝阳，杨秋生. 竹园的中国“芯”［J］. 华中建筑，2012，30（4）:141-143.
[11] Martha Schwartz.迷宫园［J］. 建筑学报，2011（8）:45-47.
[12]（美）马克·特布雷著. 现代景观——一次批判性的回顾［M］. 丁力扬译. 北京：中国建筑工业出版社，2008.
[13] 田朝阳，连雅芳. 西方传统与现代设计理论和方法的反思［J］. 中国园林，2014（7）:28-31.
[14] 林玉莲，胡正凡. 环境心理学［M］. 北京：中国建筑工业出版社，2000.
[15]（意）维柯著. 新科学［M］. 朱光潜译. 北京：人民文学出版社，1986.
[16] 朱光亚. 中国古典园林的拓扑关系［J］. 建筑学报，1988（8）：33-36.
[17] 王庭蕙. 中国园林的拓扑空间［J］. 建筑学报，1999（11）：60-63.

# 第九讲
# 中西方古典园林神话与宗教的空间结构模式

## 十、中西方古典园林的空间结构模式

（原文载于《北京林业大学学报（社科版）》，2014年第 1 期，作者：田朝阳，孙文静，杨秋生）

**本节要义**：本文以类型学和模式语言为理论基础，采用对比分析方法，从世界神话传说入手，总结了中西方古典园林空间结构的特征，提出了世界理想空间的四种模式和与之对应的世界园林空间结构的四种模式：“十字形”、“一池一山”、“一池三岛”、“围合+豁口”，并分析了中西方园林空间结构差异的原因，解读了造成中国古典园林复杂结构的法式的原因。

**关键词**：神话传说；类型学；模式语言；古典园林；空间结构

中国古典园林为世界园林的一枝奇葩，曾为西方所神秘地崇尚和蹩脚地模仿。然而其空间结构极其复杂，令人眼花缭乱、难以琢磨，似乎只可意会、不可言传。即便是国人也难以掌握其设计章法，《园冶》中的一个“借”字，竟使园林大师孟兆祯先生困惑了50多年[1]。郑元勋在《园冶·题词》中说：“园有异宜，无成法，不可得而传也”，中国古典园林“有法无式”似为定论。难道中国园林真的无法可依、无式可循吗？

孟兆祯院士经过多年艰苦卓绝的探索，在破解了《园冶》中“借”的“凭借”之含义后，率先解读了中国园林设计程序的法式，即以借景为核心的“立意、相地、问名、布局、理微、余韵”的序列，并指出了“中国古典园林设计从无法到有法，从一法到众法，又以一法而贯众法"的论断，从而打破了中国古典园林"有法无式"的神化。在这一论断的指引下，以孟老为核心的北林博士生团队及有关学者，王欣、薛晓飞、张晓燕、秦岩、巍菲宇、何佳等先生分别就中国古典园林中的种植、设计程序、廊、建筑、叠山、空间形态等进行了深入的研究，解读并提出了相应的设计"法式"，取得了突破性的进展。如，何佳提出了中国古典园林空间形态的三种形式，即围合空间、向心空间和线形空间，薛晓飞提出了中国古典园林空间结构的"一池三山"具有"一法多式"的变化[2~7]。针对西方园林结构，李雄先生首次总结了三种结构模式，即四分方形、十字形结构和辐射性结构体系[8]。然而，关于中国古典园林空间结构模式的研究尚未取得令人满意的结果。

在孟老及其前人思想的启发下，作者尝试就中国古典园林的空间结构的"法式"进行研究。结构是形式的骨架，解读形式必须首先解读结构；基本结构组成整体结构，解读整体结构必须首先解读基本结构。园林是人们对理想栖居地的追求，是人间天堂的具象表现。神话中关于理想栖居地的追求，是天上人间的神秘幻想，二者存在密切的联系[9~12]。本文试图通过东西方神话传说对理想天堂的描述，解读中西方园林艺术空间结构的秘密，把握中西方园林空间设计的"理法"。

## 1　神话传说与天堂模式

由于栖居地的自然环境、政治、经济、文化等不同原因，世界各民族具有不同的关于理想栖居地的神话传说，由此产生了不同的园林类型。

### 1.1　中东、西方神话传说与它们的"天堂"模式

中东地区为沙漠覆盖，自然条件恶劣，产生了影响世界的犹太教、基督教和伊斯兰教。其中，《旧约圣经·创世纪》是这一区域神化天堂的最早文字记载，其中记载的园林原型——伊甸园远早于古埃及园林。其中，水、乳、蜜、酒四条河构成的"十字形"模式既是西方基督教的天堂原型，也是伊斯兰教天国模式的体现[13]。

尽管古埃及、亚述、希腊、罗马等西方地区的自然景观多样，原始神话传说众多，但是由于与中东地区频繁的文化交往和过早皈依来自中东的基督教的缘故，它们关于理想栖居地的众多传说都屈从于居统治地位的基督教教义中的天堂——伊甸园模式。

### 1.2　中国神话传说与中国的"天堂"模式

与西方和中东地区不同，中华大地自然条件优越，地貌景观丰富，原始民族众多，生产方式多样，又没有集权式宗教的强制性统一，于是多样化的关于理想景观模式的神话得以产生和流传。流传最广的有三大模式：昆仑模式、蓬莱模式和壶天模式，它们分别起源于中国地貌的西部高原、东部沿海平原、中部山区，其结构为一池一山、一池三岛及围合与豁口。

**中西方理想“天堂”模式单元特征比较** **表 1**

| | 西方模式 | | 中国模式 | | |
|---|---|---|---|---|---|
| 模式类型 | 伊甸园模式 | 天国模式 | 昆仑模式 | 蓬莱模式 | 壶天模式 |
| 起源方式 | 神话传说 | 神话传说 | 神话传说 | 神话传说 | 神话传说 |
| 传播方式 | 《圣经》（教义） | 《古兰经》（教义） | 《山海经》（史书） | 《史记》（史书） | 道家传说 |
| 宗教类型 | 基督教 | 伊斯兰教 | 非宗教 | 宗教 | 宗教 |
| 结构特征 | 十字形 | 十字形 | 一池一山 | 一池三岛 | 围合与豁口 |
| 结构原型 | 四条河 | 四条河 | 昆仑神山 | 人间仙境 | 洞天福地 |
| 模式来源 | 沙漠绿洲 | 沙漠绿洲 | 山岳风景 | 海岛风景 | 盆地风景 |
| 模仿对象 | 果菜园 | 果菜园 | 昆仑山 | 日本三岛[14] | 关中盆地 |
| 诞生地域 | 中东沙漠 | 中东沙漠 | 西部高原 | 东部沿海 | 中部盆地 |
| 民族类型 | 游牧民族 | 游牧民族 | 游牧民族 | 渔猎民族 | 农耕民族 |
| 栖居方式 | 游动 | 游动 | 游动 | 游动 | 定居 |

### 1.3 世界天堂模式的起源

从表1不难看出，西方的“十字形结构”是干旱沙漠缺水地区西方先民对人工水渠的崇拜，而中国的三种模式则表现了山清水秀地区中国先民对自然山水、地形的欣赏。

### 1.4 世界天堂模式结构

从表1可以看出，尽管西方模式分为欧洲基督教的伊甸园模式和中东伊斯兰教的天国模式，但二者由于传播方式、宗教性质、结构原型、模式来源、模仿对象、诞生地域等方面具有同质性，它们的结构特征几乎是完全一样的，可以看作同一种，即“十”字形结构。同理，中国模式有三种。由此，全世界关于理想天堂的模式可以分为四种。

虽然壶天模式的“围合与豁口”在西方园林中也有体现，但其园林内部空间划分多以植物等软质界面形成简单围合，围合强度较弱，开放性较大。而该模式在中国古典园林集锦式的结构中更为普及，围合是由建筑、墙体、地形、假山等硬质界面要素构成的多重围合，形成“盒子中的盒子”或“集锦式”园林，围合强度极高，是中国风水理论的基本模式，并由道家明确命名，由陶渊明的《桃花源记》而得以推广普及。故而，本文认为该模式为中国特有。

## 2 天堂模式与园林空间结构模式

尽管目前国内外都把世界园林分为西方园林、伊斯兰园林和中国园林三大类别，而且又按国家和时期将西方古典园林分为众多的类型，并将中国园林按时期分为不同阶段。但是，园林是空间的艺术，而空间的结构是空间所有特性的核心，理应成为园林分类的主要依据，正像空间结构理应成为解读建筑空间的核心要素一样[15]。因此，解读理想天堂模式，有利于专业人士掌握空间设计的核心理法。

## 2.1 天堂单元模式与园林单元模式

根据上述分析，可以把世界天堂模式分为四种，即西方模式的十字形和中国模式的“一池一山”、“一池三岛”及“围合与豁口”。它们以园林为载体，并成为园林单元模式的原型（图1）。

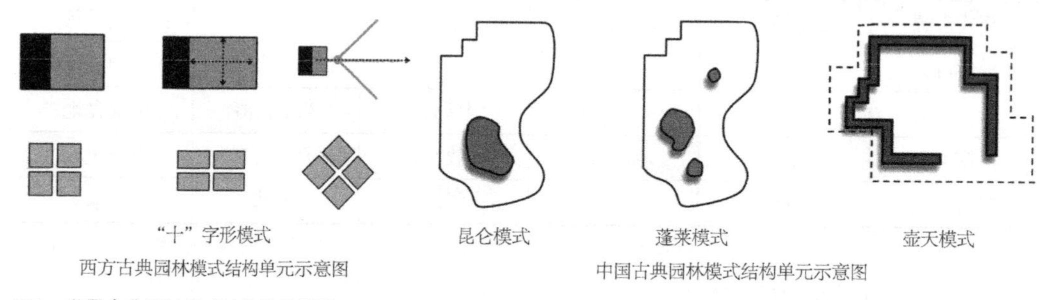


图1　世界古典园林模式结构单元类型

尽管有专家把西方园林规则式模式首次归为适用于埃及庭院的内向、封闭“四分型”结构体系，适用于意大利台地的半内向、半封闭“十”字形结构体系和适用于法国大平原的完全外向、开放辐射性结构体系三类，但是，它们的共性结构是显而易见的，可以归结为同一种结构体系，即“十”字形结构。

## 2.2 西方天堂模式的单一性与西方园林模式的单调性

从空间单元分析，“四分型”花园是“十字形”结构的具体表现，起源于果菜园。果菜园是西方家庭花园、宫殿园林、神庙园林等所有园林形式的起源，大约已有5000年的历史。而庭园园林又是西方任何规模和类型的园林中的必然要素，因此，“十字形”作为基本空间单元在西方园林、伊斯兰园林及其众多分支类型中都广泛地存在，具有普遍意义，可以看作其原型（图2）[15]。

## 2.3 中国天堂模式的多样性与中国园林模式的复杂性

中国古典园林中，天堂模式结构单元可以单独出现，但多以两种模式组合或三种模式组合的形式同时出现在同一园林中，故而其空间极其复杂难辨。

1. 单一模式及其变化

昆仑模式：为“一池一山”结构，从殷纣王的沙丘台园中的鹿台和周文王的灵台及辟雍开

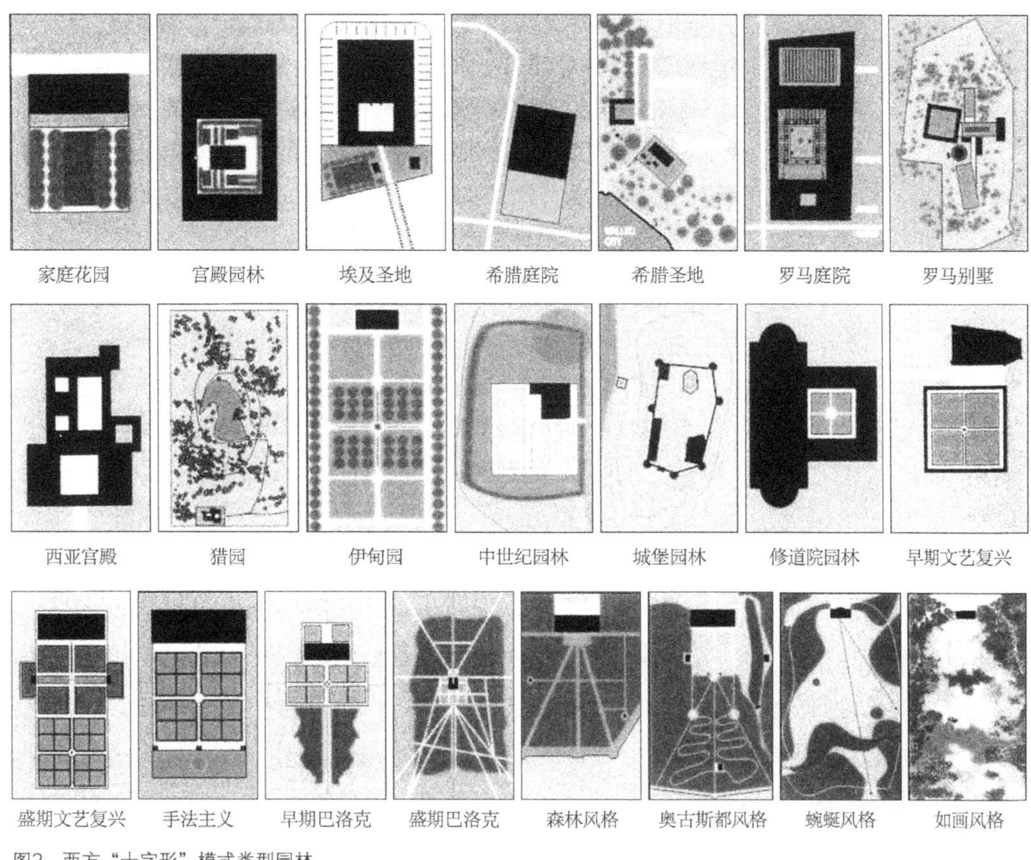


图2 西方“十字形”模式类型园林

始，贯穿皇家园林的始终[5]。在秦汉、魏晋南北朝、隋唐时期的各式高台构筑物和宋明清各时期的人工假山中，所有具有一池一山形式的皇家园林都可以看作是昆仑模式的延续，如宋代的金明池，清代长春园的玉玲珑馆、万春园的鉴碧亭、圆明园的海岳开襟、汇芳书院和濂溪乐处等[3]。从整体结构看，颐和园的万寿山、西湖的孤山、北海中的琼华岛（原名万岁山）都可以看作是昆仑模式。不仅如此，私家园林中的沧浪亭、狮子林的孤山（岛）以及众多园林庭院中的孤置假山和置石，也可看作昆仑模式的变异（图3）。

蓬莱模式：为“一池三山”结构，其发源虽不如昆仑模式早，但对园林的影响却较昆仑模式广泛而深刻。从汉代上林苑中的太液池开始，一以贯之，一直延续到清末，而且几乎在中国古典园林的所有类型中都有体现。如皇家园林中各个时期的太液池，清代的颐和园，圆明园的福海、凤麟洲，避暑山庄的如意洲，私家园林中的拙政园，留园中部水池及冠云峰庭院等[3]（图4）。另外，留园中部的“小蓬莱”，西湖的“小瀛洲”，直接点出了结构特征。

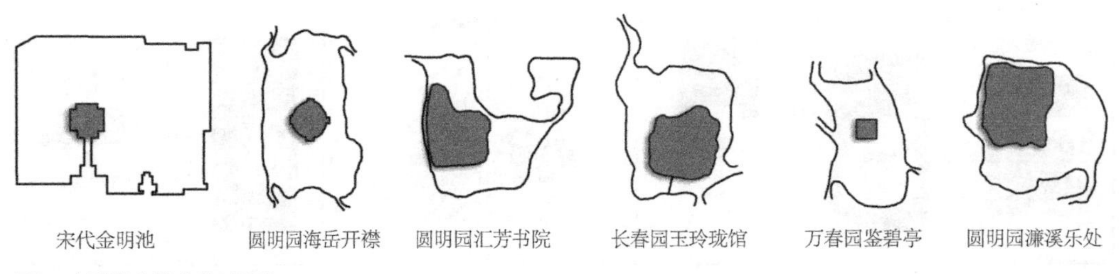

图3　中国昆仑模式类型园林

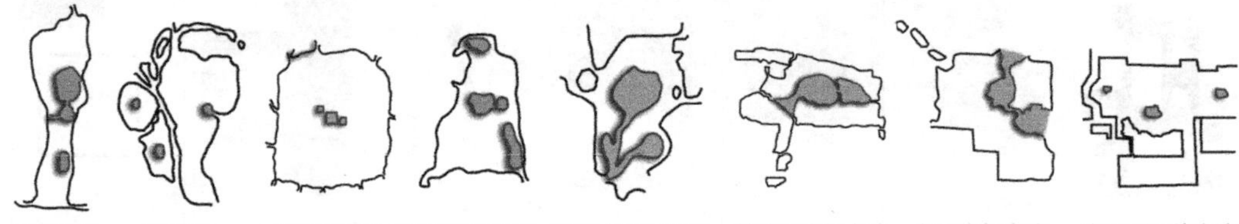

图4　中国蓬莱模式类型园林

壶天模式：为周边围合、中心无岛的“围合与豁口”结构，其发源最晚，多体现于不宜堆山的小尺度园林空间，如现存的皇家园林谐趣园、濠濮间和私家园林退思园、网师园等小园以及众多无山（假山、置石）的庭院中（图5）。另外，中国古典园林中利用众多狭小的墙洞作园门或入口，也是对这一模式的空间暗示。更有甚者，有些园门直接采用葫芦形，如谐趣园的入口（图6）。

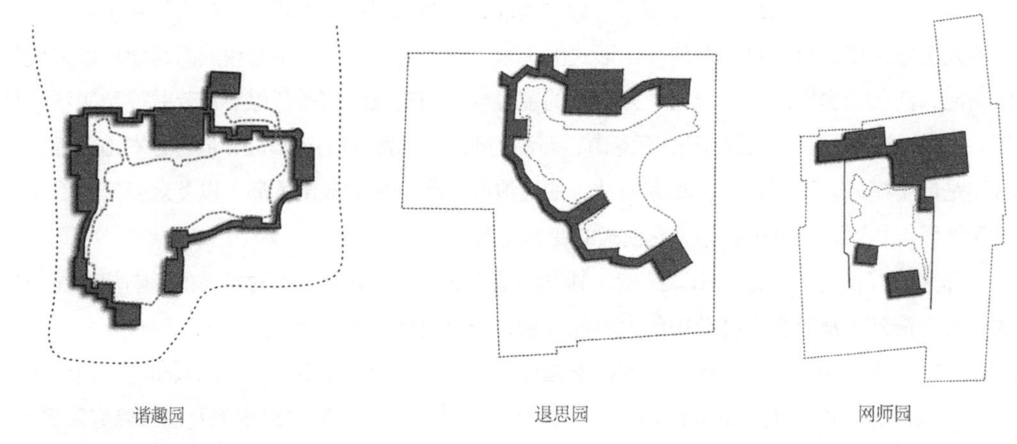

图5　中国壶天模式类型园林

图6 暗示壶天模式的园门

2. 组合模式及其变化

两种模式的组合及变化：例如，壶天模式+昆仑模式构成的北海琼华岛和壶天模式+蓬莱模式构成的留园中部和冠云峰庭院（图7）。

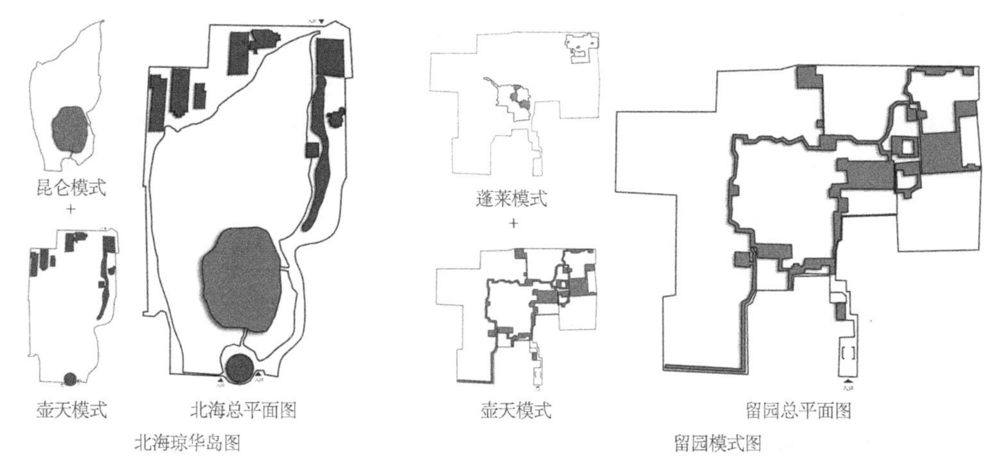


图7 两种模式组合园林类型

三种模式的组合及变化：壶天模式+昆仑模式+蓬莱模式由“围合与豁口”+“一池一山”+“一池三山（岛）”三种结构模式构成，例如皇家园林颐和园和私家园林拙政园（图8）。

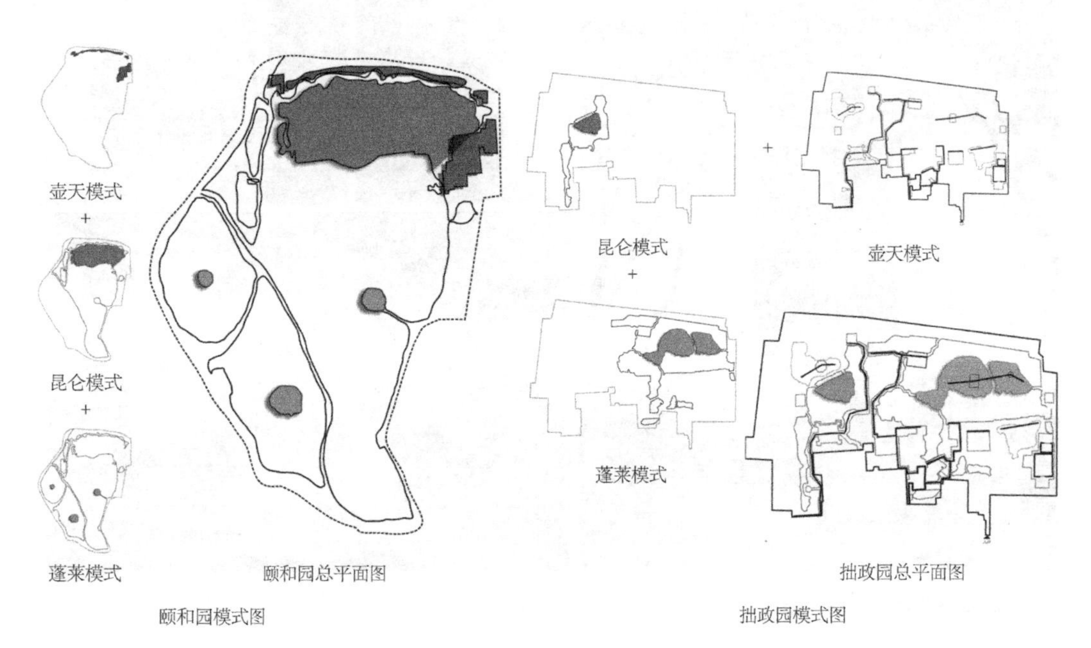


图8　三种模式组合的园林类型

## 3　东西方园林空间结构差异的原因分析

上述分析表明，中西方园林结构的差异来自不同神话传说中理想天堂空间结构模式的差异。因此，能够影响理想天堂空间模式的原因势必成为决定园林空间结构差异的深层动力。

### 3.1　地貌特征与理想空间类型的产生

地貌特征决定地景类型，是影响理想空间结构的决定因素。诺伯特·舒尔茨曾根据场所空间意象把整个西方（包括西亚、中亚）的地貌分为四类地景：浪漫式（北欧）、宇宙式（中东）、古典式（希腊）和混合式[16]。中国国土辽阔，具有世界上最为丰富的地景地貌类型，如高山地貌、高原地貌、黄土地貌、盆地地貌、喀斯特地貌、沙漠地貌、草原地貌、平原地貌、三角洲地貌、岛屿地貌等，是整个西方（包括西亚、中亚）所无法相比的，远非诺伯特·舒尔茨的四种类型所能囊括。国土景观的多样化决定了中国理想空间模式的多样化和园林空间结构的多样化。

### 3.2　文化融合与理想空间类型的混合

中国地理气候优越，疆土辽阔，地貌丰富，民族意识早熟，各种理想景观模式纷繁出现，且境内各区域之间没有不可逾越的天堑，民间交流与和平交往成为文化传播的主要方式，利于各种理想景观文化的交流与融合，形成复合、复杂的园林结构。中国文化中的“龙”图腾形象，就是文化融合的结果。

而西方（包括西亚、中亚）区域内部有中部的地中海、北部的波罗的海、北海，南部的红海、波斯湾，东部的黑海、里海，西部的英吉利海峡等数量众多的辽阔水域，形成了无法逾越的天堑，宗教强制与武力征讨成为文化交往的主要形式，许多原有理想栖居地的传说都皈依于居统治地位的基督教或伊斯兰教的单一天堂模式。西方文化中的“+”符号，表明了文化征服的代言者。

### 3.3 艺术变异与理想空间类型的变化

园林作为一种空间艺术，需要与地域场地特征相结合。场地形态的变化势必引起园林风格、空间类型的变化。然而，西方园林结构单元具有超强的稳定性。在西方园林历史的各个时期、各个类型的园林中，始终都能看到“+”符号的影子。即使是在民族意识觉醒后产生的英国各类自然风情园，其中的庭院园林中依然不乏“+”符号。“+”符号兼具中心对称和轴线对称的结构特征，既限定了中心结构的规则性，又限定了边界形态的规则性，从而极大地限制了与变化多样的现实场地形态的结合。而且，要保持其基本空间结构的规则性，就必须改变场地的形态，导致土方量的增加。

而在中国园林的三种基本空间结构单元中，无论是中心结构的岛或山的位置、体量、形态、布局，还是围合结构的边界形态，均不具限定性。这一特征决定了它们可以适应任何复杂形态的场地，从而产生极为复杂的园林空间，正所谓“构园无格”、“借景有因”、“景以境出”，也符合现代设计的“地域景观”和“场所精神”理念。同时，也为众多的中国古典园林建筑类型的布局、设计留下了“借景而成，制亦随态”的自由空间。但是，也给学习者带来了不便。然而，万变不离其宗，只要掌握了三种基本结构模式，便可解读中国园林的结构密码。正像掌握了风水模式，便可解密“丘壑内营”，从而看懂中国山水画意象一样[10]。

另外，正像老子的空间思想预示了现代建筑空间理论一样，中国理想天堂的三种基本空间结构单元模式在亚历山大的《建筑模式语言》中的“小路的形状”、“袋形活动场地”、“空间中心有景物”、“多床龛卧室”、“有围合的户外小空间”等众多模式类型，诺伯特·舒尔茨的《场所精神——迈向建筑现象学》中的“包被”概念，凯文·林奇的《城市意象》中的“中心”要素中，都得到了完美的体现，也许甚至对它们产生过直接影响。

## 4 结语

基于东西方神话的四种模式，提出了四种对应的园林结构模式。西方的“十字形”结构兼具中心对称和轴线对称的结构特征，既决定了中心结构的规则性，又限定了边界形态的规则性，从而极大地限制了与变化多样的现实场地形态的结合。而中国的“一池一山”、“一池三岛”和“围合+豁口”模式，无论是对中心结构，还是边界形态，均不具限定性，可以适应任何复杂形态的场地，为“构园无格”、“借景有因”、“景以境出”等“师法自然”的生态设计方法提供了基础，促成了极为复杂的园林空间，使中国古典园林成为世界园林的一枝奇葩。

注：本文插图1和2出自Tom Turner的《世界园林史》[17]，其余图片由孙文静根据彭一刚的《中国古典园林分析》等资料仿绘。

## 参考文献

[1] 孟兆祯著．园衍［M］．北京：中国建筑工业出版社，2012.
[2] 王欣．传统园林种植设计研究［D］．北京：北京林业大学，2005.
[3] 薛晓飞．论中国风景园林设计借景理法［D］．北京：北京林业大学，2007.
[4] 张晓燕．中国风景园林廊设计理法研究［D］．北京：北京林业大学，2007.
[5] 秦岩．中国园林建筑设计传统理法与继承研究［D］．北京：北京林业大学，2009.
[6] 魏菲宇．中国园林置石掇山设计理法论［D］．北京：北京林业大学，2009.
[7] 何佳．中国构成研究［D］．北京：北京林业大学，2007.
[8] 李雄．园林植物景观的空间意象与结构解析研究［D］．北京：北京林业大学，2006.
[9] 周维权著．中国古典园林史［M］．北京：清华大学出版社，1999.
[10] 俞孔坚著．理想风水探源——风水的文化意义［M］．北京：商务出版社，1998.
[11] 庄晓英．蓬莱仙话和海岛仙山景观模式［J］．南北桥，2009（3）：98.
[12] 李华伟等．一池三山——浅谈中国古典园林的地形创作特征［J］．广东园林，2003（1）：15-19.
[13] 针之谷钟吉著．西方造园变迁史［M］．邹洪灿译．北京：中国建筑工业出版社，1991.
[14] 冯纪忠．人与自然——从比较园林史看建筑发展趋势［J］．中国园林，2010（11）：25-30.
[15] 布鲁若·赛维著．建筑空间论——如何评价建筑［M］．张似赞译．北京：中国建筑工业出版社，2006.
[16] 诺伯特·舒尔茨著．场所精神——迈向建筑现象学［M］．施植明译．武汉：华中科技大学出版社，2010.
[17] Tom Turner著．世界园林史［M］．林菁等译．北京：中国林业出版社，2011.

# 第十讲
# 中国古典园林步移景异的空间构图模式

## 十一、中国古典园林步移景异的五种空间构图模式

（原文载于《风景园林》，2015年第8期，作者：陈晶晶，田芃，田朝阳，题目有所改动）

**本节要义**：本文从中西方的不同时空观入手，以典型案例为依据，分析了中西方园林的差异，指出中国传统园林艺术的特质在于对动态的时间维度的关注，而西方传统园林偏重于静态的空间维度的考虑。通过图解的方式对时间设计的原理进行了分析，揭示了“步移景异”是时间设计的代名词，提出了实现时间设计的必要条件和必要线形，归纳出中国传统园林实现“时间设计”的五个常见“法式”，即复合形、中心水面、凸角物体、池岛结构、复合路径，并将其图示化。为传承中国园林“时间设计”的精髓，提供了可以操作的、简单易行的整体构图设计初步手法。

**关键词**：空间设计；时间设计；中国传统园林；西方古典园林；构图要点

如果说建筑是空间的艺术，那么，园林不仅是空间的艺术，也是时间的艺术，更是时空一体的艺术。与建筑相比，园林更注重时间设计。对比中西方古典园林，不难看出，西方古典园林（本文不包括英国的自然式园林）的缺点是孤立、静止和片面，偏重于静止的空间设计；中国园林的优点是联系、动态和全面[1，2]，通过时间设计的介入，实现了动态的时间设计。

中国古典园林中的时间观念表达，可以用具象的天象要素如光的明暗变化、风的飘忽不定和地象要素水的循环流动、植物的四季变换来实现；也可以用漏窗、洞门、漏墙等人工建筑的通透、连通、渗透来完成，更可以用“借景”、“障景”、“分景”、“透景”等细部造景手法来体现（局部构图的时间）。这些方面，

前辈们已经有过精辟的解读，本文不再赘述。

然而，中国园林是如何通过空间的设计来实现时间的设计的呢？中国园林虽有“有法无式”的说法，但是要实现时空合一的目的，不可能是园林要素的胡乱的涂画和任意的构建，一定有其自在的秩序、规律，即布局、构图的规律——“法式”。那么，这些空间秩序、规律如何?《园冶》没有直说、更没有图示，本文试图解释其中的奥秘。

## 1 中西方时空观及园林表达

### 1.1 西方时空观及园林表达

“空间”作为建筑的概念，首次被赖特意识，提出“建筑是空间的艺术”，是在20世纪30年代；“时间”作为建筑的概念，首次被密斯认知，提出“流动空间”，是在20世纪40年代。视线是对空间的感知，动线是对时间的度量。西方明确提出“动线”的概念是在19世纪末，提出“视线”的概念是20世纪40年代。可见，在西方建筑界，“时空一体”的观念由来不久，是在爱因斯坦的时间与空间的相对论后明确的[3]。

西方基督教认为时间是一个直线形的，不可逆转的过程。这一点，在耶稣说“我是阿拉法，我是俄梅嘎，是昔在、今在、以后永在的全能者”，“我是初，我是终”的时候，就已经显示出来[4]。西方规则园林有不断延长的、带有方向的、有始有终的轴线，有上天堂、下地狱或见上帝的单向的人生观，还有世界末日的预测。这些应该与西方的宗教有一定的关联，园林毕竟是一种文化表达。

### 1.2 中国时空观及园林表达

在中国古代建筑的各类《营造法式》与园林专著《园冶》中既没有谈到空间和时间，也没有谈到动线和视线，更没有明确提出时间设计的概念。然而，谁会把谜底写在谜面上呢?

中国园林中“曲径通幽”、“循环往复”的路径，“山重水复疑无路，柳暗花明又一村”的景观体验，折射出“人生轮回”、“地久天长”的时空无限、无始无终的时空观、人生观，这种园林价值观，也难免受到儒释道的影响。

## 2 基于时间设计空间原理的中西园林分野

游赏是一种动态的活动，所以，园林更偏重于对动线产生的时间的关注。从某种意义上看，如果说建筑是空间的艺术，那么园林则是时间的艺术，时间才是园林艺术的特质。

### 2.1 步移景异与空间形式

步移景异，精确的界定是：一步（而不是两步）的移动，就有景（物）的变化。假设*BC*、*BD*、*CE*、*DE*的距离均为一步，*AB*的距离为两步。景物的出现有两种情况，一是一步的移动就看到了同一景（物）$W$的另一个面（景）（图1$a$），二是一步的移动就看到了另一个景（物）$W$（图1$b$）。

图2所示是规则形（图2$a$）、不规则形（图2$b$）与简单复合形[5]（图2$c$）和复杂复合形（图2$d$）的解读。根据对步移景异的图解，可以看出，在规则形和不规则形中，站在边角的任意一点，都能看到图形内所有点的景物，即这些图形不具备移动的驱动力和步移景异的艺术效果；在复合形中至少有一个内凹的角，总有一点的边角处，不能看到所有点的景物，如$B$、$E$点不能互相看到。当然，我们也可以用曲线，更可以绘出具有多个内凹角的复杂的复合形（见图2$d$）[6]。约翰·西蒙兹曾敏锐地指出，复合形使人兴奋、感到神秘、好奇、惊讶，并诱导运动的产生，实现“步移景异”的艺术效果[6]。

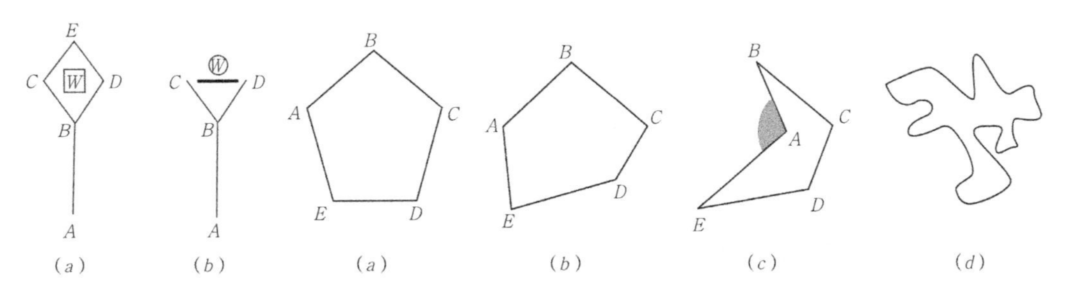


图1　步移景异的图解

图2　规则形、不规则形与复合形的图解

## 2.2　曲折路径与时间设计

视线是对空间的感知，动线是对时间的度量。只有当视线和动线均被认知，且相互分离时，时空才能分离，运动成为必然，时间产生了。如果二线合一，时空合一，运动没有必要，时间不会产生。

在图3中，$W$为景物，$A$、$B$为两点位置，$AB$两点之间存在两条线，一是实线代表的动线，二是虚线代表的视线。$Q$代表带有漏窗的墙，透过此墙，可以看到景物$W$的一部分；$S$代表实体的墙、假山或建筑，完全遮挡景物$W$。$T_D$代表图3（$a$）中从$A$点直线到达$B$点（$W$）的时间，$T_Q$代表图3（$b$）和图3（$c$）中从$A$点曲线到达$B$点（$W$）的时间，$T_Z$代表图3（$b$）、图3（$c$）中从$A$点折线到达$B$点（$W$）的时间。

在图3（$a$）中，不存在遮挡物，视线和动线合一，在实际观赏过程中，当人们看到了某一景物的全貌时，就可能不会前往，运动停止，时间$T_D$为0；在图3（$b$）和3（$c$）中，存在$Q$、$S$物体，视线和动线分离，运动必然产生，时间$T$产生了。$T$，是本文所指的时间。$T = T_Q(T_Z) - T_D > 0$。当$T_D$为0时，$T = T_Q(T_Z)$。曲折路径是产生时间设计的必要线形。《园冶》中计成大师更是将“曲”形折改为“之”字折。

由图示可以看出时间设计的必要线型为曲线和折线构成的曲折路径，必要的形和空间是复合形和由它生成的复合空间（图4）。

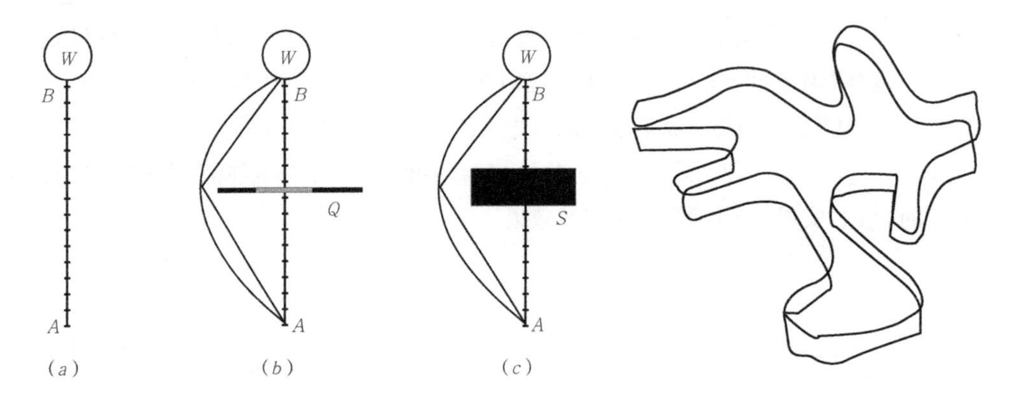


图3 视线、动线的关系与时间图解

图4 复合形立体化形成的复杂复合空间[6]

### 2.3 中西古典园林的时间分野

西方园林多为简单形构成的简单空间，不具备产生运动的动力，且其中的直线路径的使用导致了视线与动线始终一致，时间设计无法实现；中国园林多为复合形构成的复合空间，其中大量曲线、折线路径的运用使视线与动线始终分离，实现了时间设计。“步移景异”是时间设计的代名词，是中国古典园林的精髓。时间设计是蕴含在中国古典园林空间深层的特质。

## 3 中国古典园林时间设计的空间“法式”

时间设计必须通过空间设计才能实现。本文试图探索实现时间设计的整体空间构图手法。根据对现存众多中国古典园林的分析，归纳出其实现时间设计的常用空间构图手法，包括：复合形空间、中心的水面、池岛结构、凸角物体和循环复合形路径，这些要点使得视线与动线分离，促成了中国古典园林的时间设计，实现了时空互换。

### 3.1 复合形空间

西方古典园林空间边界是由简单形构成的简单空间，站在其中的任一点都能把整个空间看全，缺乏运动的动力，也因此它失去了时间的意义。相反，中国园林空间的复合空间中，站在其中任一点都不能把空间看全，促进了运动的产生，产生了运动中的时间观念（图5）。

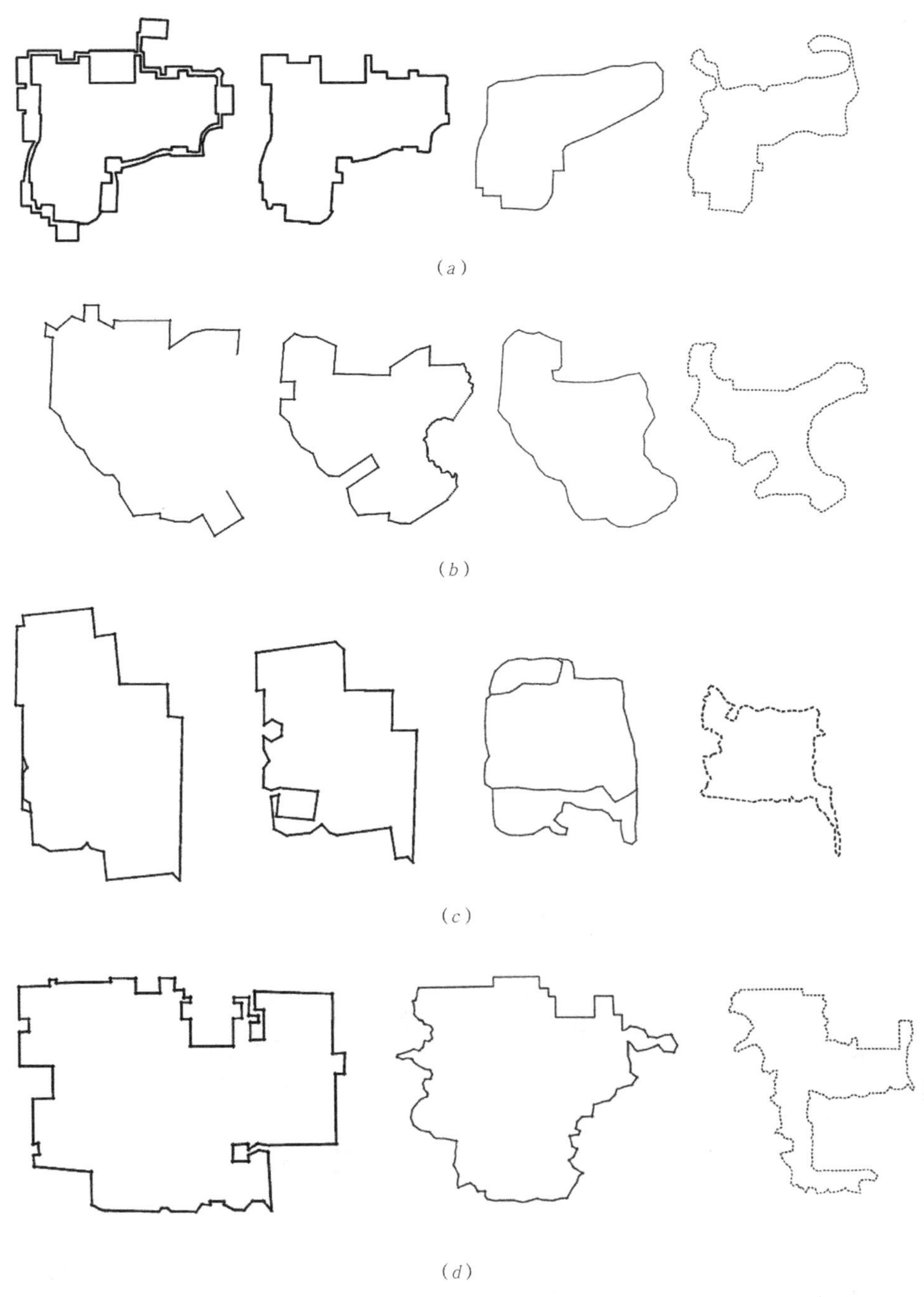


图5　中国古典园林中群体建筑、路径、水体构成的复合形和复合空间
(a) 谐趣园；(b) 退思园；(c) 网师园；(d) 狮子林

### 3.2 中心水域

中国古典园林几乎都有中心水面，特别是小型园林（图6）。中心水域的时间意义在于，对于复合空间而言，中心处能看到尽可能多的空间，而中心水域却使人无法占据中心。而且，由于中心水面的存在，看得见对面又不能直接到达彼岸，即视线通透而动线隔绝，迫使人们沿着周边的路径运动，延长了动线，实现了时间设计的目的——“小中见大”。

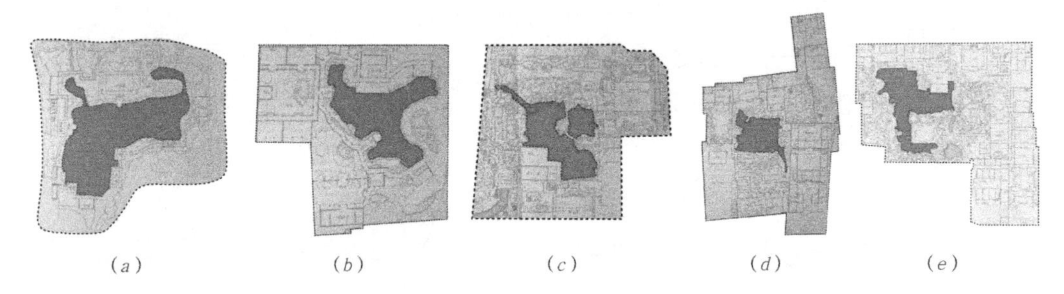


图6 中国古典园林中心水域
(a) 谐趣园；(b) 退思园；(c) 留园中部；(d) 网师园；(e) 狮子林

### 3.3 凸角物体

在中国古典园林中，每个园子都有一个或多个建筑位于内凸角的位置，或由于建筑（或假山、置石、植物等要素）的存在而形成内凸角（图7、图8）。我们称这类建筑为凸角物体，如谐趣园的澄爽斋、涵远堂、知春亭、引镜、饮绿，退思园的闹红一舸、水香榭、退思草堂、眠云亭，留园中部的闻木樨香阁、明瑟楼、濠濮亭，网师园的濯缨水阁、月到风来亭、竹外一枝轩、小竹丛桂轩，拙政园中部的香洲、倚玉轩、松树亭等。

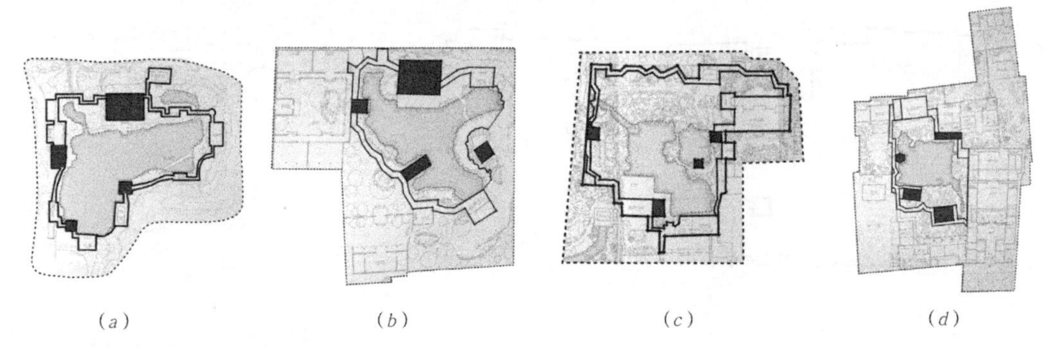


图7 中国古典园林中的凸角物体
(a) 谐趣园；(b) 退思园；(c) 留园中部；(d) 网师园

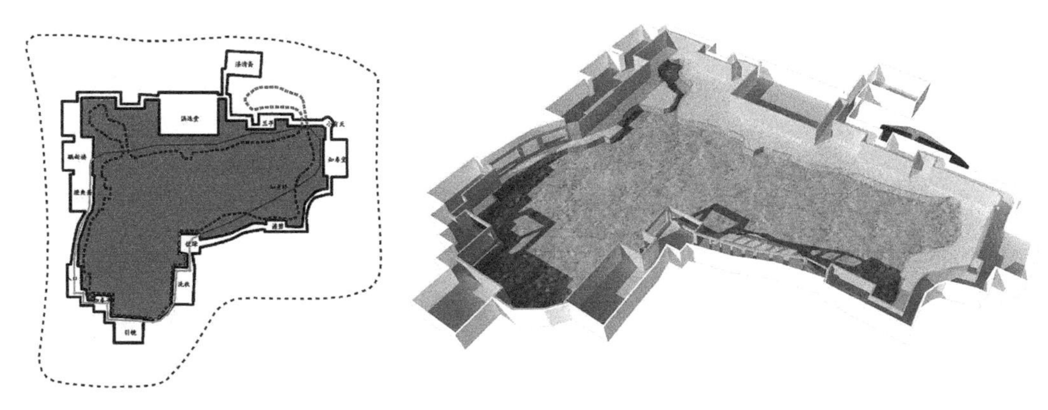

图8 谐趣园平面及空间模型

凸角物体的时间意义在于，由于特殊的边角位置，使得动线与视线在边界相互分离，它们隔绝了视线而连接着动线，产生神秘莫测的空间感受。西方从未有过凸角物体。

### 3.4 一池三岛

古典园林中常有的一池三山（图9），实际上是“一池三岛”，“岛”是被隔离的陆地，人是上不去的，即隔断了动线。同时，由于位于中心的位置，它们也隔断了视线。因此，“一池三岛”是有效的时间设计的绝妙手法，可以产生更多神秘莫测的未知空间，促使人们运动。西方园林中岛的历史很短，而且没有三岛的记录。

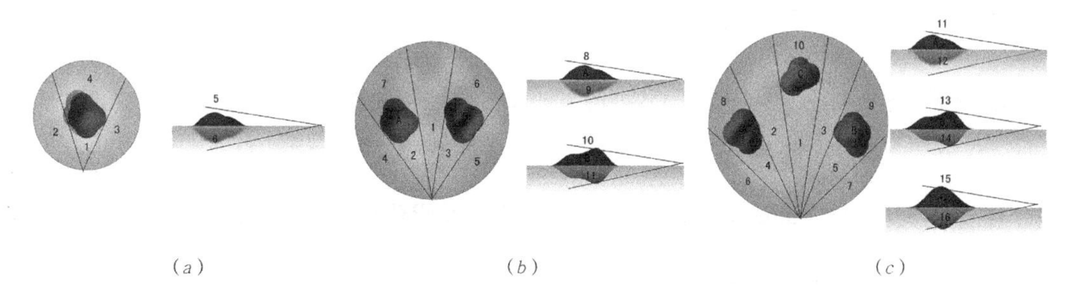



图9 中国古典园林中池山格局的视域分析[7]
（*a*）一池一山的空间格局；（*b*）一池二山的空间格局；（*c*）一池三山的空间格局

### 3.5 循环复合路径

在中国古典园林中，几乎每个园子都有一条或多条循环的由曲线、折线、直线构成的复合线组成的曲折路径，或在中心区域，或在水边蜿蜒，或沿周边的建筑、廊分布，或三者全有，且几条路径时有交叉。我们将这种由复合线组成的多重循环路径称为循环复合路径（图10）。

复合曲折路径使动线与视线分离，产生“异步移景”、“曲径通幽”、“循环往复”的时空体验。复合路径叠加上复合空间边界，产生更加复杂的时空体验，刺激了人的探索欲，进一步促进了运动和时间的产生。西方路径全为直线，缺乏时间的感知。

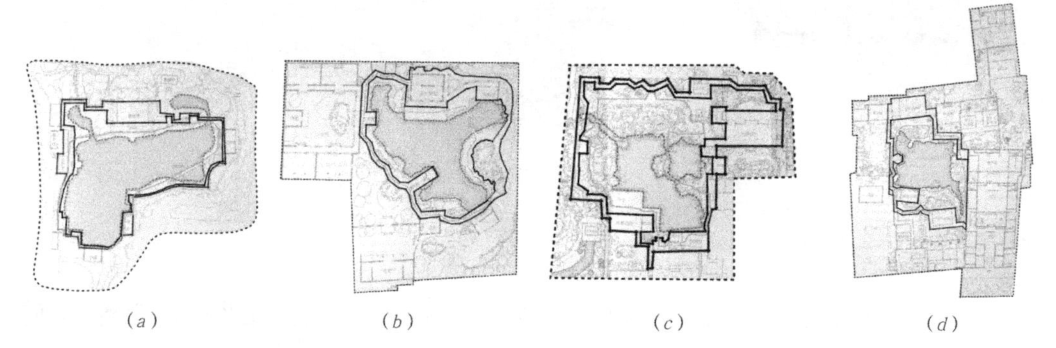


图10 中国古典园林多重循环的复合路径
（a）谐趣园；（b）退思园；（c）留园中部；（d）网师园

### 3.6 五要点之间的有机关联

五个要点广泛存在于中国古典园林中，但并不是每一个园林都具备全部五个要点。基于时间设计的目的，五条要点之间存在着有机的联系：第一条复合形空间，是中国古典园林实现时空设计的基础，可独立完成时间设计；没有复合形，其他几点的意义大打折扣。第一条的复合形中阴阳角直接为第三条凸角物体和第五条复合形路径提供了存在的位置和意义。第二条的中心水面使第五条的边缘路径成为必然，并为第四条的“池岛”结构提供了可能。在缺失第一条的情况下，第四条池岛，也能独立完成时空一体化。第五条的不规则路径又使第四条的“池山”结构富有意义。

## 4 中国古典园林时间设计空间“法式”图示及现代化途径

### 4.1 时间设计机制的简化图示表达

将上述中国古典园林时空设计的五点构图手法，抽象、简化为图式语言。为了将时空设计的机制简化图示表达，将所有由直线、曲线和折线构成的复合线，简化为直线。同时，将包含多个空间的复合空间简化为两个空间，即一个内凸的角；将多重循环复合路径简化为一条循环的路径；将一池三岛的池山结构简化为一池一岛；将多个凸角物体（物体）简化为一个占角建筑（物体）（图11）。

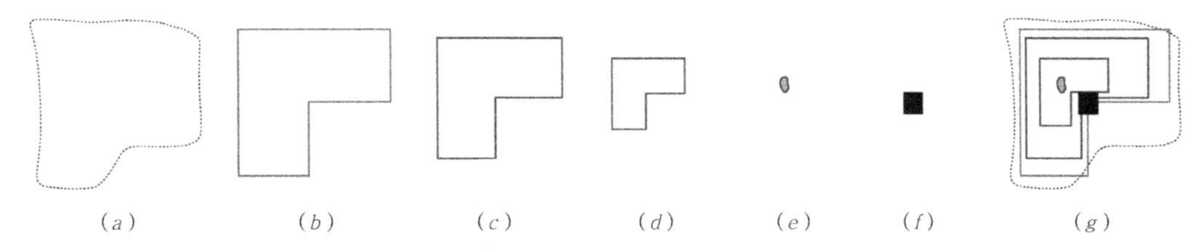


图11 时空设计机制的基本空间单元图式
(a)场地轮廓；(b)复合空间；(c)循环复合路径；(d)中心水系；(e)池岛结构；(f)凸角物体；(g)时空构图图示

### 4.2 时间设计构图手法的现代化途径

作为时空设计的基本空间图式，通过要素转换、尺度推移、角度旋转和形态调整等，便于实现古典园林时空设计目标的现代化。在对基本空间图式表达的基础上，根据需要对各种园林要素的种类进行转换，如表1所示；对各种园林要素的尺度进行缩放、角度进行旋转、边界进行微调、材料和色彩进行变化。不变的是中国古典园林的精髓——包含时间的空间特征。

**园林要素转换表** **表 1**

| | 不规则边界 | 中心水域 | 池岛结构 | 凸角物体 | 复合路径 |
|---|---|---|---|---|---|
| 传统要素 | 建筑、廊、墙 | 水 | 土山、石山 | 建筑、假山 | 廊、路 |
| 现代要素 | 植物、墙、花架 | 草坪、玻璃、绿篱 | 雕塑、小品 | 植物、雕塑、小品 | 花架、路 |

## 5 结语

按博尔赫斯的说法：把空间与时间相提并论有失恭敬，因为在我们的思维中可以舍弃空间，但不能排斥时间[8]，这里暗示时间有优先于空间的等级秩序，激动人心的空间经验必然来自某种时间范畴内的特定空间。[9]

“步移景异”、“曲径通幽”、“无往而不复”的动态的时间设计的代名词，是中国古典园林区别于“一览无余”的西方古典园林静态空间设计的显著特质，即通过空间的设计实现了空间与时间的互换。时间设计是中国园林设计思想的深层特质和精髓，值得传承和发扬。

中国古典园林蕴含着无穷的魅力，其中时间设计的空间手法一定还有许多未解奥秘，本文仅对其整体构图法式总结出五点空间要点，只是窥视了中国古典园林时间设计手法的冰山一角，也许还有第六、七点等。同时，对于局部的时间设计的空间手法，比如借景、框景、分景、漏景等也未进行分析。这些问题有待同仁们继续研究。

## 参考文献

[1] 王绍增. 论《园冶》的“入境式”设计、写作与解读方法 [J]. 中国园林，2012，28（12）:48-50.
[2] 王绍增. 论中西传统园林的不同设计方法：图面设计与时空设计 [J]. 风景园林，2006（6）:18-21.
[3] 史蒂芬·霍金. 时间简史 [M]. 长沙：湖南科学技术出版社，2006.
[4] 王贵祥. 东西方的建筑空间 [M]. 天津：百花文艺出版社，2006.
[5] 田朝阳. 基于线形分析的东西方园林解读 [J]. 中国园林，2015，31（1）:94-100.
[6] 约翰·O·西蒙兹著. 景观设计学 [M]. 俞孔坚等译. 北京：中国建筑工业出版社，2009.
[7] 苏芳，张凌，田朝阳. 解读“一池三山”——兼论传统空间文化品质与时代意义 [J]. 西北林学院学报，2014，29（1）:228-233.
[8] 时间 [M] //博尔赫斯全集·散文卷（下）. 杭州：浙江文艺出版社，1999.
[9] 董豫赣. 触类旁通 化境八章（六）[J]. 时代建筑，2009，26（3）:112-117.

# 第十一讲
# 中国古典园林小中见大的空间手法模式

## 十二、中国古典园林非透视效果与小中见大的空间手法、原理及现代意义

（原文载于《浙江农业科学》，2017年第6期，作者：刘路祥，任猛，田朝阳，题目有所改动）

**本节要义**：本文总结了中国传统园林小中见大的五种造园手法：遮挡地面、框景、框景错位、俯视、仰视，对它们进行了透视证明，指出传统园林中的各类空间现象都应该可以科学证明。最后，对这些传统造园手法在现代园林设计中的意义、转换方式和应用进行了分析。

**关键词**：古典园林；小中见大；遮挡地面；框景；框景错位；俯视和仰视

小中见大是中国古典园林，尤其是明清江南私家园林的重要特征。实现小中见大的造园手法有多种，前人多有论述，如金柏苓先生提出了空间的先抑后放、空间层次增加、路径的曲折变化、景物尺度缩小、园外借景等[1]，杨玲等提出了空间分隔、延长路径、借景、障景、意境联想等[2]。最近，冯仕达先生在《建筑学报》2016年第1期，发表了“苏州留园非透视效果”一文，通过对苏州留园内几个案例的分析，提出了“非透视效果”的概念，指出遮挡地面、框景、框景错位具有模糊空间距离的作用[3]。

本文试图在借鉴前人研究的基础上，总结出几种新的小中见大的造景手法，对其透视原理进行分析，并对其现代意义进行探讨，旨在为古典园林的现代化提供新的依据。

## 1　遮挡地面与小中见大

冯仕达先生提出遮挡地面可以造成空间距离模糊，并认为是“非透视效果”，图1所示为留园内门槛遮挡地面，图2（遮挡地面）和图3（不遮挡地面）所示分别为自绿荫轩（恰航）和寒碧山庄外平台看可亭的照片。

图1　留园门槛遮挡地面

图2　遮挡地面

图3　不遮挡地面

冯仕达先生的“非透视效果”中的“透视”定义，是根据艺术史和阿恩海姆对“透视”的定义，其中决定物理距离的应该是“景深”。但是，影响景深的因素很多，包括空间匀质性、同向性以及天气、日照、季节等因素。本文设定在以上因素不变的情况下，探索“非透视”的效果。这样，影响“非透视”效果的因素就单纯地体现为物理距离。

除了仪器或工具实测外，人裸眼通常有三种办法判断物体的距离远近，一是根据近大远小的原理，二是根据物体之间的相互遮挡原理，三是根据物体与地面的接触点的远近。但是，当小物体距离近而大物体距离远时，或物体均无限小时，第一条原理失效。当物体之间不存在互相遮挡时，第二条原理失效。于是，只有第三条是可用的。但是，如果遮挡物高度等于人眼，地面也被完全遮挡，那么，就无法判断距离的远近了。然而，如果地面被部分遮挡呢，部分裸露呢？

如图4所示，一人站立，地面平坦，面前同一水平方向放置$A$、$B$、$C$、$D$、$E$、$F$六个等差距离的点，相互间的距离均为$N$。当面前无遮挡物时，人眼可以看到全部的地面。由于遮挡物（遮挡物放在人与物体之间，并假定从地面升起）的出现，人眼能看到部分地面。随着遮挡物高度的增加，被遮挡的地面依次增多，被掩盖的距离越来越大，能看见的地面越来越少。可以看出，遮挡物增高可以通过遮挡地面，使可见地面减少，使空间距离变近。当遮挡物增高至与人眼同高时，地面消失，距离感消失，物体与遮挡物在一个平面上。因此，在其他影响景深的因素确定不变的情况下，判断物体距离远近取决于看到的地面的多少。如果去掉遮挡物，距离判断恢复正常，如图5所示。

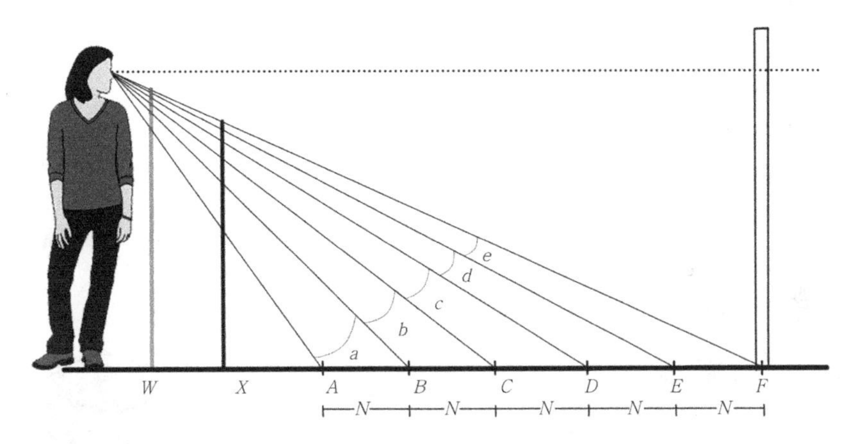


图4　遮挡地面纵立面分析图

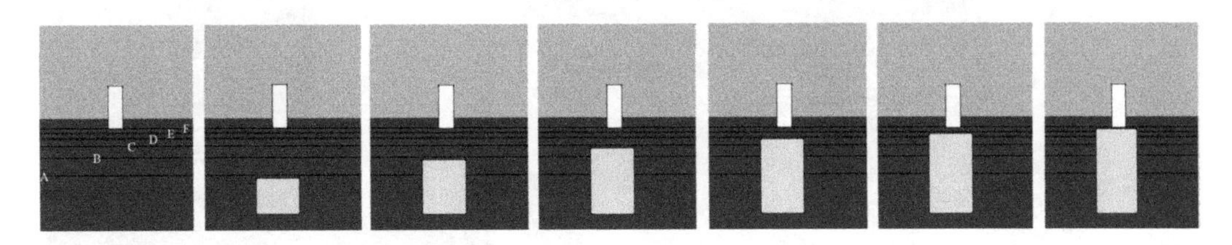


图5　遮挡地面正透视图

可以看出，尽管相互间距均为$N$，但是$\angle a > \angle b > \angle c > \angle d > \angle e$。另外，模仿透视图的画法，在人与物体之间放置一透明画板$W$，在其上画出各个物体与地面接触点的映射点。可以看出，随着遮挡物的增高，被遮挡的地面虽然是等距离的，但是其映射在画板上的高度却呈加速缩短的趋势。可见，遮挡物的出现不仅可以通过遮挡地面使距离变近，而且遮挡物高度的增加还可以加速掩盖地面的距离，使空间距离加速变近。这时，如果突然暴露地面，就像从留园的恰航内部到寒碧山房室外前的亲水平台（虽然距离可亭的距离变近了，但是感觉是远了），空间会变大。

人们在游园的动态过程中，时而看见地面，时而看不见地面（还有中心水面的水体的无形、无质感、倒影等特性使人无法正确判断地面），从而产生空间距离的模糊，即冯仕达先生所谓的短时记忆模糊现象。而普通人在游园时，多不会关注眼前遮挡物及其高度（如窗台及其高度，窗洞及其高度，置石及其高度，美人靠及其高度）对地面遮挡造成的空间距离的模糊，误认为是所谓的“非透视效果”。

## 2 框景与小中见大

框景可以分为窗框和门框，前者看不到地面，后者可以看到全部地面，如留园中的图6和图7。框景何以造成空间距离模糊、小中见大的效果的呢？

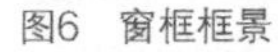

图6 窗框框景

图7 门框框景

按图4的绘制机理，画出图8～图11。从图8可以看出，以框景中心线为界，可以将视阈分为上下两部分，两部分可以对称或不对称。下面部分透视原理与图4相同，上面部分是图4的镜像。不同的是，相对于图4地面上的遮挡物，上下两部分的遮挡物变成了上框的下压或下框的抬高。根据对图8、图10原理的分析，窗框框景可以使距离变远，空间变大，起到小中见大的效果。去掉框景，距离、空间感恢复正常。动态游园的人们在框与不框之间，产生距离的模糊、空间的模糊就毫不奇怪了。同理，图9、图11，门框的小中见大的效果也可以得到证明。

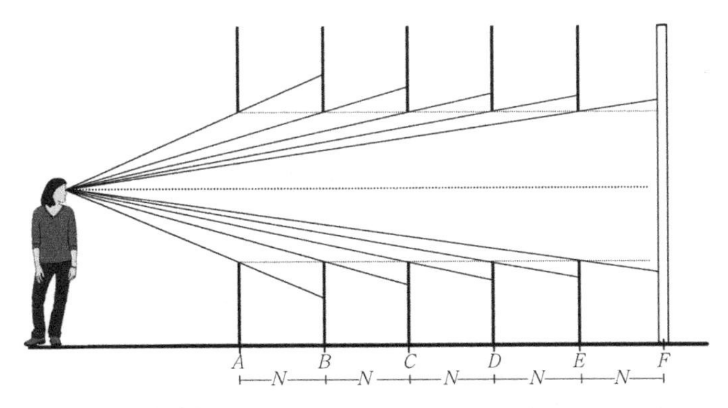


图8　窗框纵立剖分析图

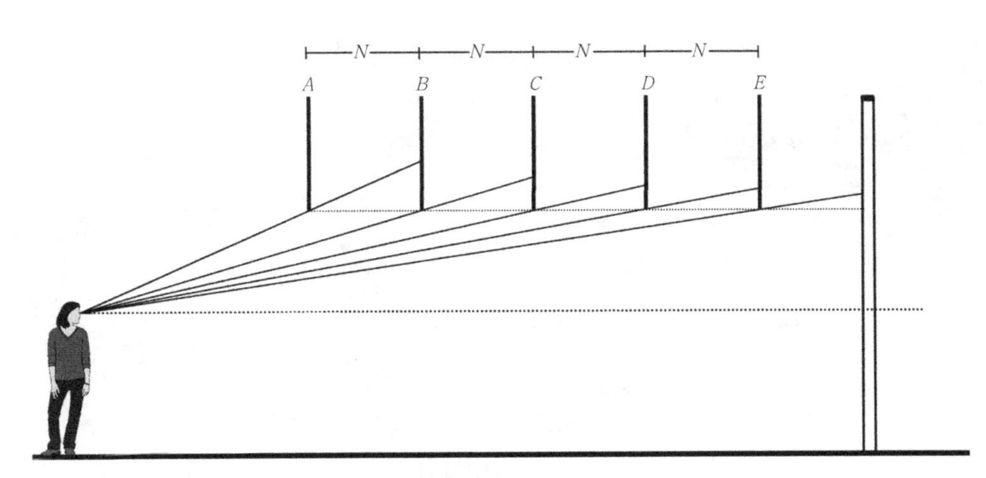


图9　门框纵立剖分析图

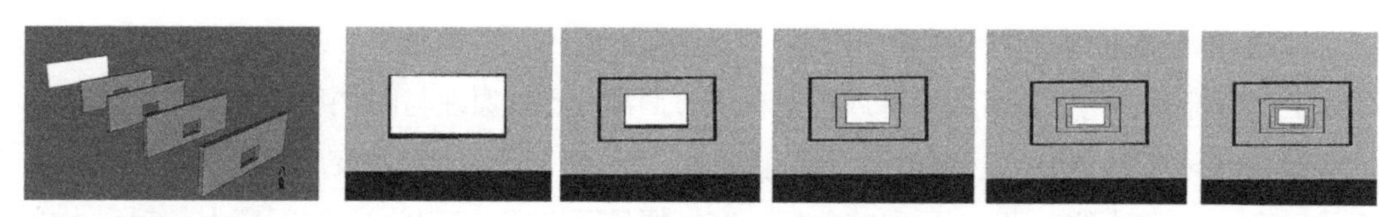

图10　窗框框景轴测图及正透视图

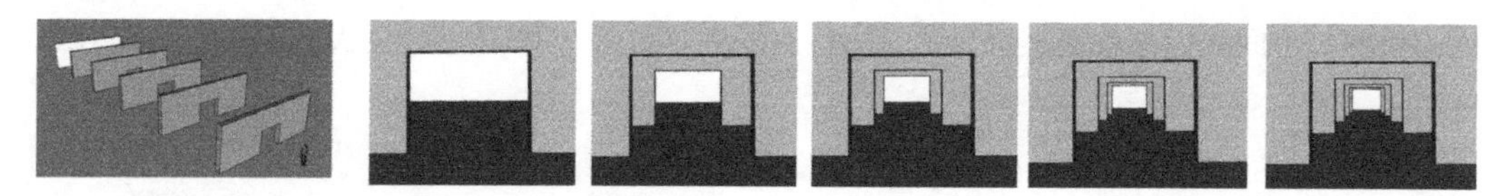

图11　门框框景轴测图及正透视图

## 3　框景错位与小中见大

框景错位可以分为水平位置错位、水平角度错位和垂直位置错位、垂直角度错位。图12～图14为留园中的水平位置和角度错位案例，而垂直错位的案例较为罕见，但是，理论上是存在的，并且可以应用于以后的设计中。框景错位也会产生空间错觉现象。

从图15～图18可以直观地看出，水平错位可以使感知距离变远，即小中见大，也类似于国画中表现平远的横幅效果。同理，从图19～图22可以直观地看出，水平错位可以使感知距离变远，即小中见大，并且类似于国画中表现高远的纵幅效果。

图12　水平位置错位

图13　水平角度错位（一）

图14　水平角度错位（二）

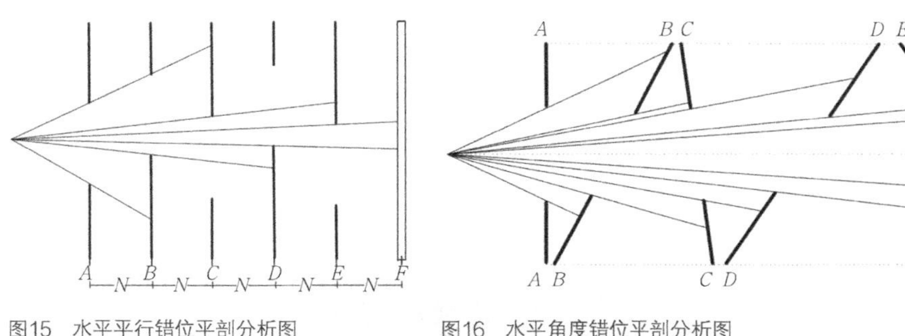


图15 水平平行错位平剖分析图

图16 水平角度错位平剖分析图

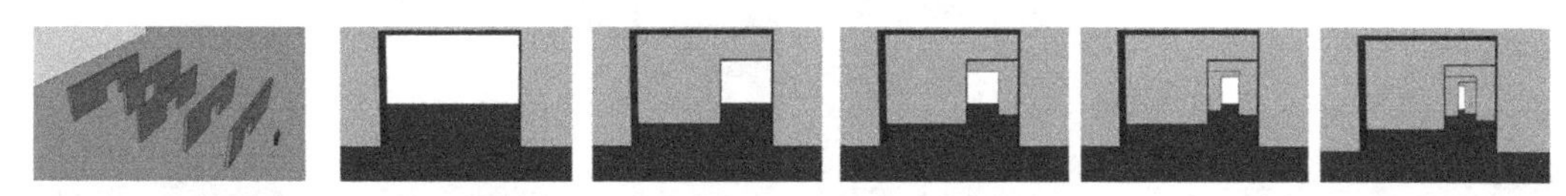

图17 水平平行错位轴测图及正透视图

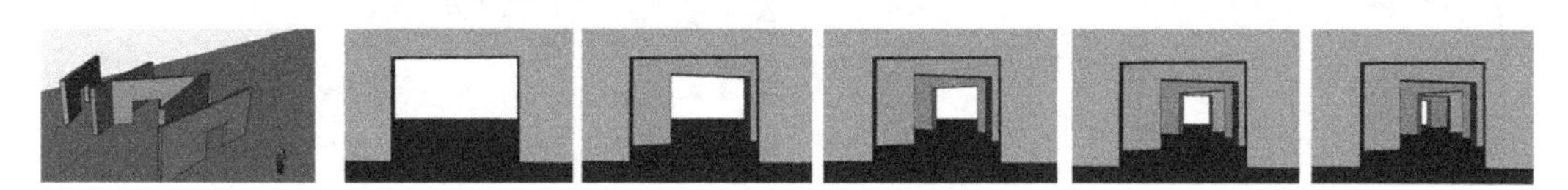

图18 水平角度错位轴测图及正透视图

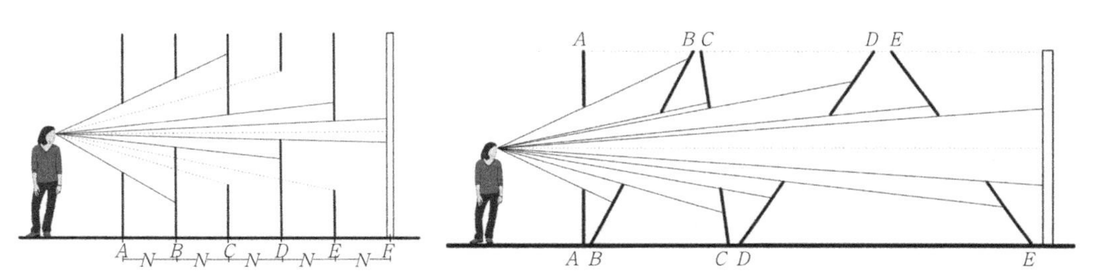


图19 垂直平行错位立剖分析图

图20 垂直角度错位立剖分析图

图21 垂直平行错位轴测图及正透视图

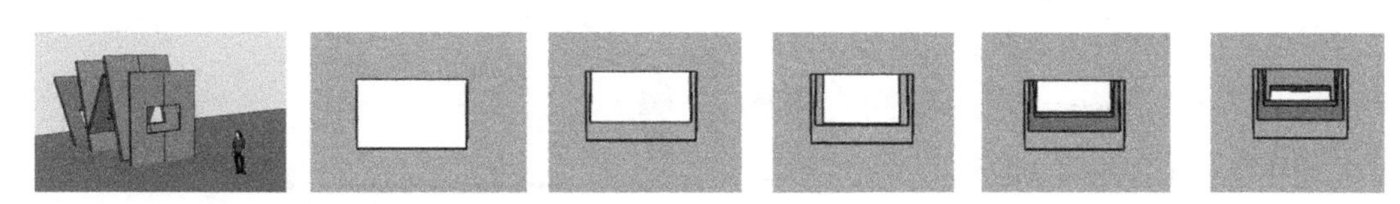

图22 垂直角度错位轴测图及正透视图

## 4 仰视（俯视）与小中见大

其实，在中国古典园林中，除了遮挡地面、框景和框景错位可以造成空间距离模糊的“非透视效果”外，由假山、楼阁、地形等也可以产生仰视、俯视，从而在水平距离不变（平面距离不变）的情况下造成空间距离模糊的小中见大的效果。

图23 平视

图24 俯视

图23、图24为作者于2012年4月在何园内拍摄的两张照片，前者为地面视角（平视），后者为二楼视角（俯视），二者造成的空间距离巨大的反差非常明显。

宋代的郭熙对三远法下过这样的定义：“山有三远：自山下而仰山巅谓之高远；自山前而窥山后谓之深远；自近山而望远山谓之平远。”[4]三远法就是以仰视、平视、俯视等不同的视点来描绘画中的景物。遮挡地面、框景类似于国画中的深远手法，仰视和俯视类似于国画中的高远和平远手法。将图4逆时针旋转90°角，即可得到图25，其原理与图4一样。人站在园内同一水平距离的不同高度上，距离感是不一样的，高度越高，距离感越远（图26），图27所示为作者2012年拍摄

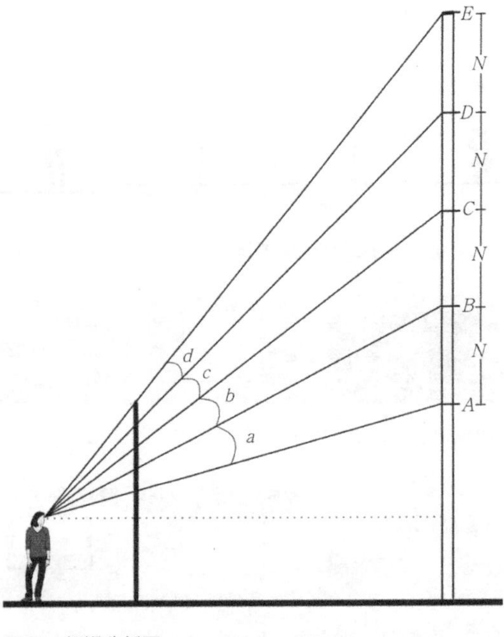


图25 仰视分析图

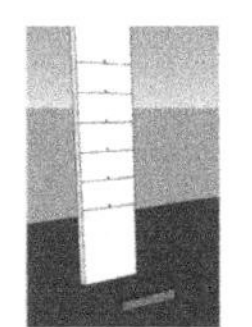

图26　仰视轴测图及正透视图

于何园的仰视假山、亭子的效果。同理，也可以证明仰视也具有使空间变远、小中见大的效果。

图27　仰视

## 5　小中见大手法的现代意义

明清江南园林占地较少，空间有限，遮挡地面、框景、框景错位、仰视（高远）、俯视（平远）是必要的小中见大的造园手法。

目前，中国城市用地紧张，绿地更为紧张，正好可以使用古典园林的这些小中见大的造景手法。例如，通过绿地内园林建筑的室内外高差遮挡地面实现空间尺度的小中见大效果；用成排种植的乔木取代古代的廊，用植物（绿篱）墙取代古代的墙作为窗框、门框的替代载体，实现小中见大的效果；利用地形塑造高差取代古代的假山、楼台构建的竖向变化，实现仰视（高远）、俯视（平远）的小中见大的效果。

心中有中国园林并通晓其方法、原理，才能在现实设计中予以应用。王向荣教授设计的一系列展园，如竹园、四盒园、青岛园等，就是对中国古典园林空间手法的探索，其中大量使用了上述以小见大的手法。如竹园中，大量使用了门框框景和框景错位手法；四盒园大量使用了窗框框景和框景错位以及遮挡地面的手法；青岛园不仅使用了框景和框景错位，还使用了遮挡地面以及仰视和俯视的手法。

## 6　结语

遮挡地面、框景、框景错位、仰视（高远）、俯视（平远）的原理是一样的，都是为了将空间距离模糊，实现小中见大的“非透视效果”，即视觉误判，这也是在用地有限的江南私家园林中常用的空间智慧。

这也解释了中国古典园林不画平面图的重要原因——平面图根本不具备说明空间大小和空间体验的能力，而且由于竖向变化莫测，平面图有无数多。比如，一座最简单的假山，也有无数个平面。因此，即使是很小的园子，平面图也几乎无法如数画出。以此类推，中国园林也没有立面图和剖面图，这些都是西方园林学借鉴西方建筑学的用语。这也应验了西方现代主义建筑大师阿道夫·路斯的名言：我们不设计平面、立面、剖面，我们设计的是空间（Raumplan）[5]。只不过他的这一理念产生于20世纪初，而中国江南园林已经存在上千年了。

当然，中国古典园林还存在一些目前无法解释的现象，这正是我们这代人的历史责任。完成中国古典园林从只可意会不可言传到可以实证的科学之转变，是实现古典园林现代化转译的必由之路。

## 参考文献

[1] 金柏苓. 中国式园林的观念与创造系列论文之五——小中见大、得意忘象 [J]. 北京园林，1991（3）：11-16.
[2] 杨玲，王中德. 空间与意境的扩张——中国古典园林中的以小见大 [J]. 中国园林，2008（4）：57-60.
[3] 冯仕达. 苏州留园的非透视效果 [J]. 建筑学报，2016（1）：36-39.
[4] 郭熙著. 林泉高致 [M]. 周远斌校. 济南：山东画报出版社，2010.
[5] Karal Lhota. Architekt AdolfLoos [J] . Architekt SIA32.Tg.（Prague），1933:143.

# 十三、王向荣教授展园作品中小中见大手法的分析

（原文载于《江西农业学报》，2017年第5期，作者：刘路祥，骆映心，任猛，田朝阳）

本节要义：以王向荣老师的重要展园作品竹园、青岛园、四盒园等为例，分析中国传统园林五种小中见大的造园手法：遮挡地面、框景、框景错位、俯视和仰视在其中的应用。分析表明，王向荣教授的设计手法是对中国传统园林空间手法的继承和发展，对构建中国园林的独特空间属性起到关键作用，对传统园林的现代化转译具有极其重要的意义。

关键词：传统园林；小中见大；遮挡地面；框景；框景错位；竹园；青岛园；四盒园

目前，中国城市用地紧张，绿地更为紧张，如何在小的绿地空间内创造大的空间体验，是中国现代园林面临的重要难题之一。小中见大作为中国古典园林，尤其是明清江南私家园林的独特造园手法，正是解决这一问题的良策。

实现小中见大的造园手法有多种，前人多有论述，如金柏岺先生提出了空间的先抑后放、空间层次增加、路径的曲折变化、景物尺度缩小、园外借景等[1]，杨玲等提出了空间分隔、延长路径、借景、障景、意境联想等[2]。本文总结古典园林中应用极广的五种“新”的“小中见大”手法：遮挡地面、框景、框景错位、仰视和俯视，以王向荣教授现有的全部展园作品竹园、青岛园、四盒园、快乐田园、天地之中、心灵的花园[3~8]为例，分析这些手法在现代园林中如何被应用、继承和发展，以及这些手法对构建中国园林的独特空间属性的意义。以期通过本文的分析研究为今后中国的现代园林空间营造起到一定的借鉴意义。

## 1 “小中见大”手法的概念

直接视觉感受的小中见大是通过距离的模糊以达到对空间的视觉误判，进而使园林空间在人的主观感受中比实际更大、更深。

冯仕达先生通过对苏州留园内几个案例的分析，指出遮挡地面（图1）、框景（图2）、框景错位（图3）具有模糊空间距离的作用[9]。坐在恰航之中，北侧栏杆在视觉上屏蔽了室外地面，水面大部分被遮挡，在视觉上似乎将北面假山上的可亭拉得比预判距离更近。从涵碧山房外的平台北望时（图4），可亭立于假山和驳岸之后，显得更远。

从古木交柯向北望去的入口框景，从古木交柯看向绿荫轩，三个八边形墙面开口呈现明显的错位，分割了视域，框与框、框与景之间的距离都是模糊的，给人空间深远的感觉。

图1　从恰航向北望向可亭
（资料来源：王向荣，林菁．竹园——诗意的空间，空间的诗意［J］．中国园林，2007（9）：26-29）

图2　从古木交柯向北望去
（资料来源：王向荣，林菁．竹园——诗意的空间，空间的诗意［J］．中国园林，2007（9）：26-29）

图3　从古木交柯望向绿荫轩
（资料来源：王向荣，林菁．竹园——诗意的空间，空间的诗意［J］．中国园林，2007（9）：26-29）

图4　从涵碧山房外望向可亭
（资料来源：王向荣，林菁．竹园——诗意的空间，空间的诗意［J］．中国园林，2007（9）：26-29）

笔者对比研究何园内拍摄的几张照片，图5为地面视角（平视），图6为二楼视角（俯视），二者造成的空间距离巨大的反差十分明显，人站在园内同一水平距离的不同高度上，距离感不同，同样达到模糊空间距离的作用。同理，仰视（图7）亦可达到同样的模糊空间距离的效果。

张家骥先生曾言通过视界的模糊以达到对空间的视觉误判，突破有限空间的视界局限，进而使园林空间在人的主观感受中比实际大，达到“无往不复”的空间意识[10]。这里的“视界”是指人的视觉心理特点而言，是视觉所感知的界限或界面（有实有虚）。张家骥先生所说的正是通过模糊空间距离以使园林空间在人的主观感受中比实际大，其实质是“小中见大”。而达到这种模糊空间距离的手法：遮挡地面、框景、框景错位、仰视和俯视，其正是“小中见大”的手法。

图5　平视

图6　俯视

图7　仰视

## 2　“小中见大”手法应用结果分析

### 2.1　遮挡地面手法

遮挡地面使人失去判断物体远近的参照物（地面），从而模糊人对物体实际距离的判断。这种距离的模糊可以通过两种形式的遮挡地面来实现。

窗框遮挡地面：窗框又可以分为倒角景框和普通景框。青岛园倒角景框（图8）上部开窗，下部实墙的形式，使得上部空间渗透，下部视线被阻隔。人透过景框的视线无法看到地面，失去对墙后景物实际距离的判断，产生墙后景物被拉近的错觉。四盒园中的玄关入口和此种形式有异曲同工之妙（图9）。此外，四盒园中窗框遮挡地面的新手法也被大量地使用。

矮墙遮挡地面：这种矮墙形式有两种，一种是分割空间的地面矮墙（图9～图11），另一种是护栏矮墙（图12）。矮墙遮挡地面，使得墙后地面全部被遮挡（见图10）或大部分被遮挡（见图11），使得墙后人物或景物像被一下拉近到墙边。护栏矮墙与栏杆在青岛园中被同时使用（见图12），实现遮挡地面的效果。当走动的人物出现在矮墙后边时，由于矮墙的遮挡使得墙后的人物像被拉近，感觉人物像是紧邻矮墙在走动，当人走出矮墙，走到栏杆时，人物的距离判断瞬间恢复正常，会产生时近时远的模糊感。墙体遮挡地面的手法在四盒园中亦多处出现（见图9）。

图8　青岛园倒角景框图

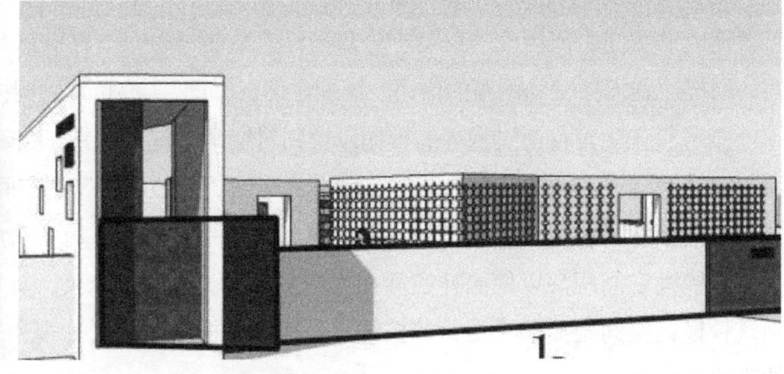
图9　四盒园玄关入口和外墙

图10　青岛园矮墙一

图11　青岛园矮墙二

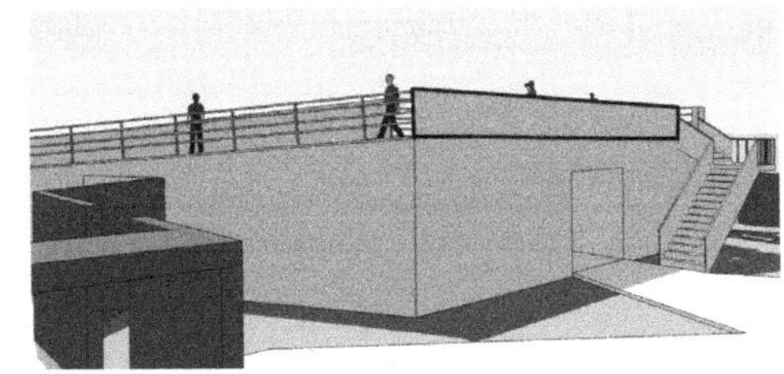

图12　青岛园矮墙护栏图

这种通过墙或景框实现遮挡地面的做法，使得景与墙、景与框之间的距离是模糊的，此时人对景物的判断会出现含糊的尺度感，当这种遮挡消失人对距离的判断会经过短期记忆[11]后恢复正常。

## 2.2　框景手法

框景在古典园林中的应用极为普遍，框景的物理载体——景框既可以划分空间层次又有空间的渗透。景框另一至关重要的作用是收缩视线，同一对象，直接地看和隔着一重层次看其距离感是不尽相同的，倘若透过许多重层次去看它，尽管实际距离不变，但给人感觉上的距离似乎要远得多[12]。故此，景框可以使距离变远，空间变大，起到小中见大的效果。

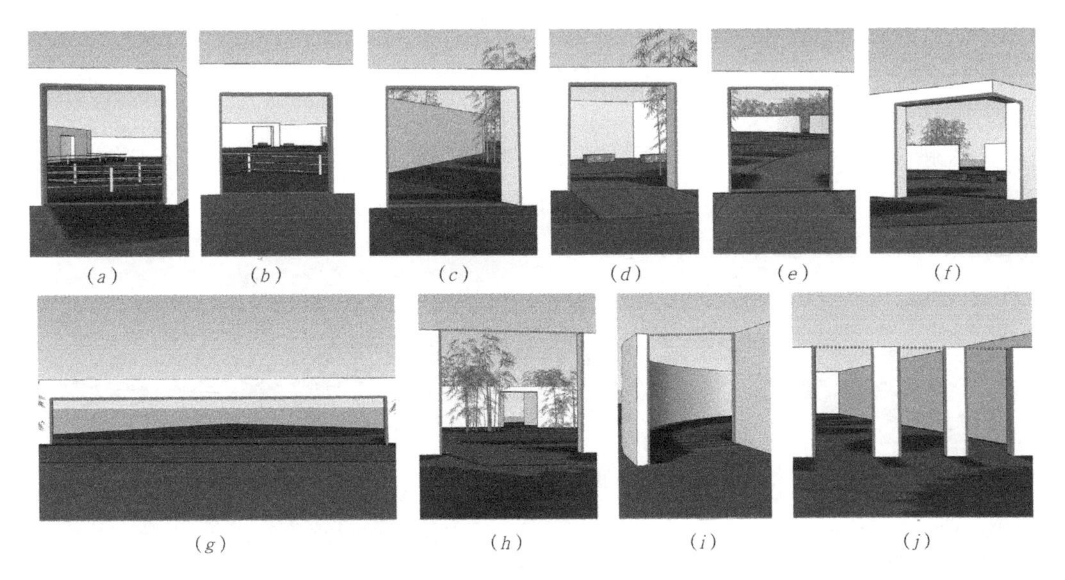


图13　竹园框景透视图

竹园中框景被大量应用且形式丰富（图13），主要分为两大类型：实顶景框和开顶景框（表1）。王向荣教授在其作品中大量应用框景，借助框景来创造小中见大的效果。其中倒角景框这种独特的形式在竹园中亦有出现（图13 *f*），角处开窗是对传统框景形式的创新。

**竹园景框分类表** **表 1**

<table>
<tr><td rowspan="3">实顶景框</td><td rowspan="2">门框</td><td>竖向</td><td>图 13（a）、图 13（b）、图 13（c）、图 13（d）、图 13（e）</td></tr>
<tr><td>横向</td><td>图 13（g）</td></tr>
<tr><td colspan="2">倒角景框</td><td>图 13（f）</td></tr>
<tr><td rowspan="2">开顶景框</td><td colspan="2">单框景框</td><td>图 13（h）、图 13（i）</td></tr>
<tr><td colspan="2">复合景框</td><td>图 13（j）</td></tr>
</table>

### 2.3　框景错位手法

框景错位的作用同框景之理。框景错位既有划分多重空间层次的作用亦有明显压缩视线的效果，且比平行框景效果显著。景框之间错位角度越大，那么通过景框的视线被压缩得越明显，透过景框视线看到的景物也显得越小，空间也会感觉越深远。

竹园中利用框景错位的做法甚多，可分为两层、三层、四层和五层框景错位（图14、图15、图17、图18）的形式，由图16、图19、图20可明显感知，框景错位的层次越多，视线穿越空间的层次也越多，同时视线被压缩得也越明显，空间距离感亦越远。由图14、图15、图17、图18总结出表2。

框景错位用法在四盒园中的体现更加明显，做法更加巧妙，形式也更多样，不但有门框与门框的错位，还有窗框与窗框、窗框与门框的错位。这种产生距离的模糊、空间的模糊的框景错位造景手法正是古典园林惯用的小中见大手法。

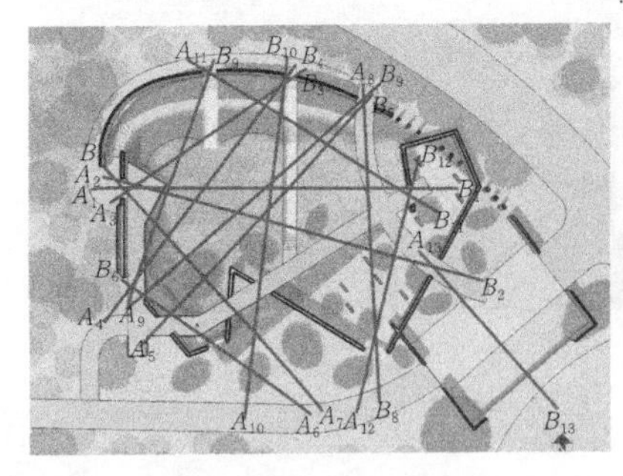

图14　竹园两层框景错位水平剖面视线分析图

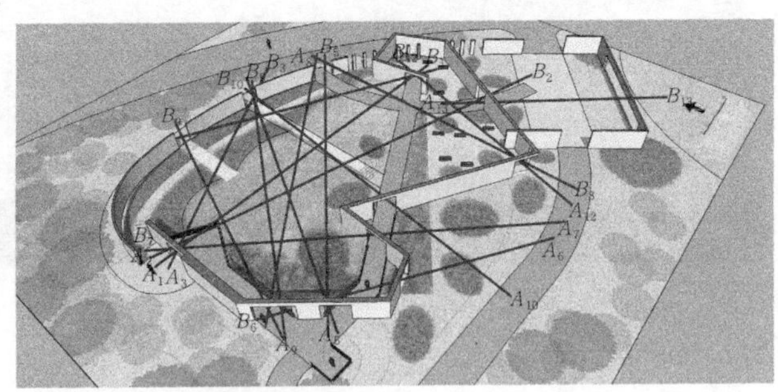

图15　竹园两层框景错位鸟瞰视线分析

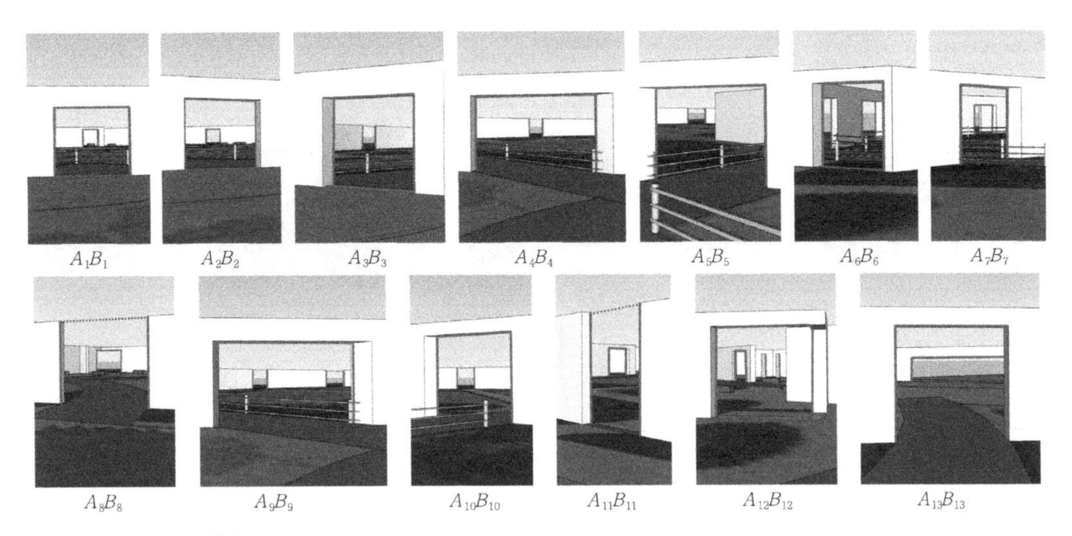


图16　竹园两层框景错位透视图

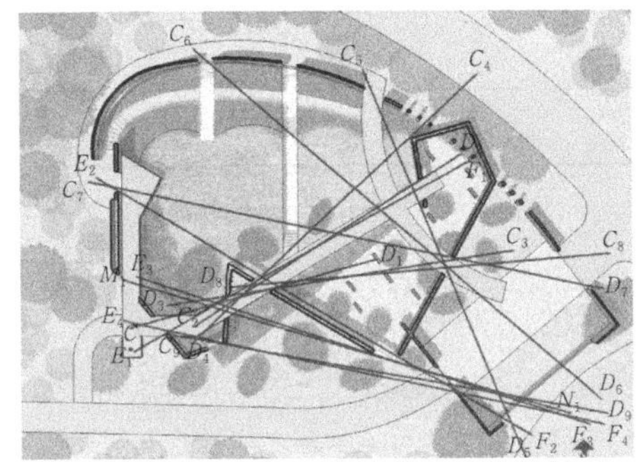

图17　竹园多层框景错位水平剖面视线分析

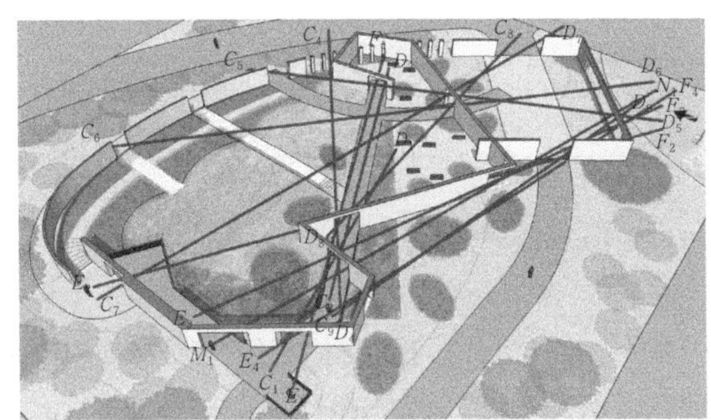

图18　竹园多层框景错位鸟瞰视线分析

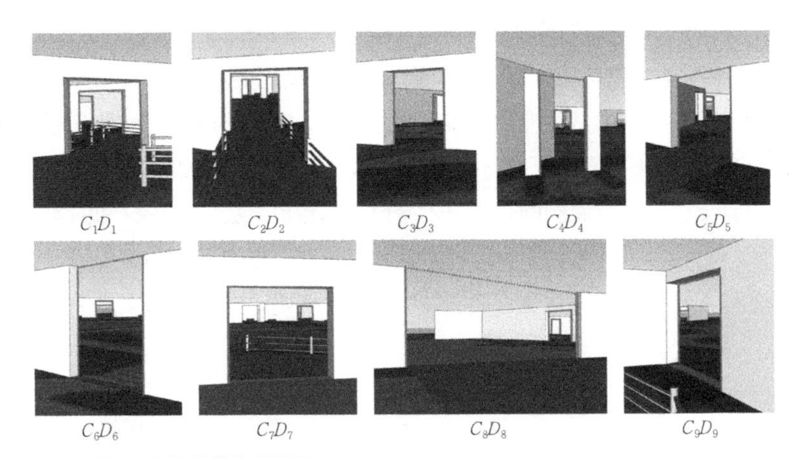


图19　竹园三层框景错位透视图

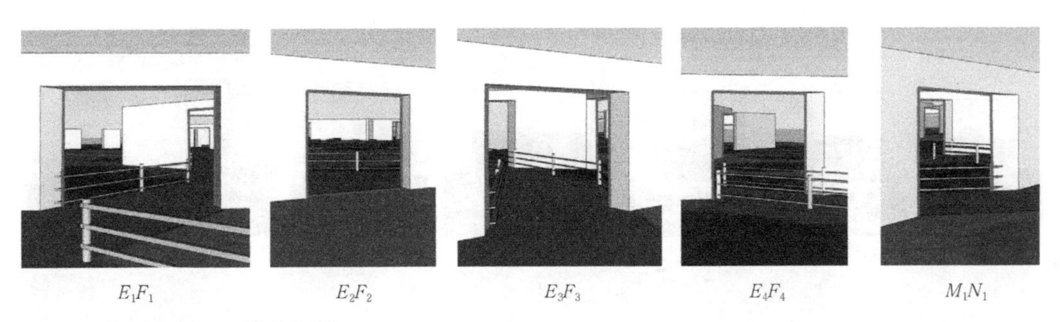


图20 竹园四层及五层框景错位透视图

**竹园框景错位空间、视线总结表** **表2**

| 框景错位层数 | 视线标注 | 视线方向 | 视线穿越景墙层数 | 视线穿越空间层数 |
|---|---|---|---|---|
| 二层框景错位 | $A_1B_1$……$A_{13}B_{13}$ | 由 $A$ 至 $B$ | 2 | 3 |
| 三层框景错位 | $C_1D_1$……$C_9D_9$ | 由 $C$ 至 $D$ | 3 | 4 |
| 四层框景错位 | $E_1F_1$……$E_4F_4$ | 由 $E$ 至 $F$ | 4 | 5 |
| 五层框景错位 | $M_1N_1$ | 由 $M$ 至 $N$ | 5 | 6 |

### 2.4 仰视与俯视手法

仰视和俯视也可以造成空间距离模糊，产生小中见大的效果。同一景物水平距离不变，由于景物的抬升形成的仰视或人被抬升形成的俯视会使视线距离大于实际水平距离，那么仰视和俯视时会比平视同一景物感觉要小。此外，舒尔也曾有关于月亮错觉的调查，即物体的大小的恒常性会受到高度的影响。月亮在地平线看起来较大，而在天顶时看起来较小[13]。

当人仰视（俯视）另外一处或透过景框仰视高处（俯视低处）（图21、图22），由于仰视（俯视）本身就会感觉被看物体比实际要小，给人感觉距离比实际要远，因此感觉空间被拉大。在青岛园中这种仰视和俯视的做法非常之多。除上述高处眺望形成的俯视外，还通过坡道创造仰视和俯视（图23、图24），使人不知不觉中高度缓缓抬升，当突然看到一景物时由于不觉中自己已经被抬升许多，此时所看到的景物已不是原来的距离，会比心中感知的实际景物尺度或大或小。《园冶》所言："高方欲就亭台"就是这种通过高差创造仰视和俯视的效果，此外通过坡道创造频繁的仰视和俯视的做法在古典园林中亦比比皆是。在四盒园作品中的这种应用也颇为突出。

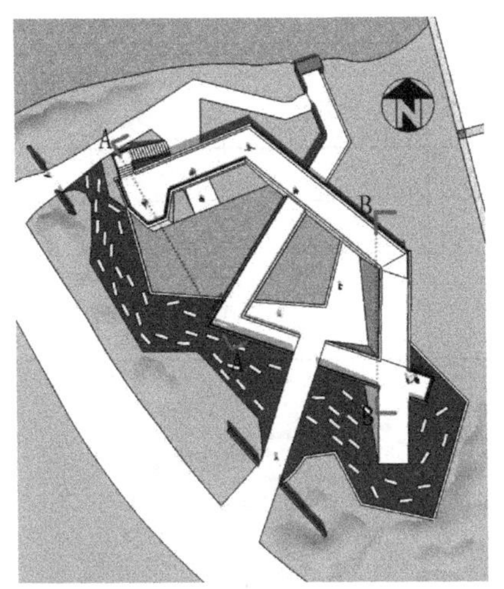

图21 青岛园平面图及剖切位置

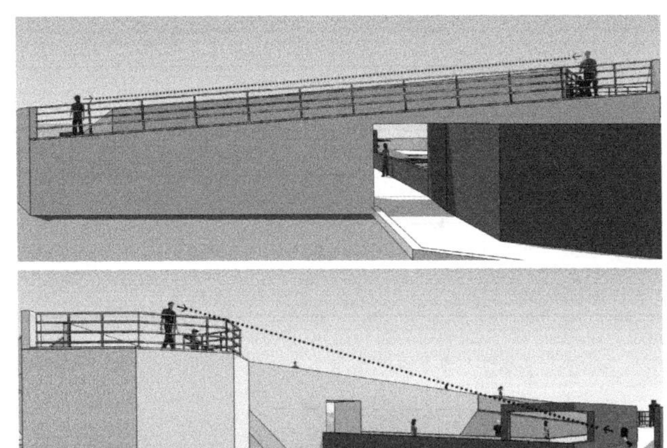

图22 青岛园北立面和西立面

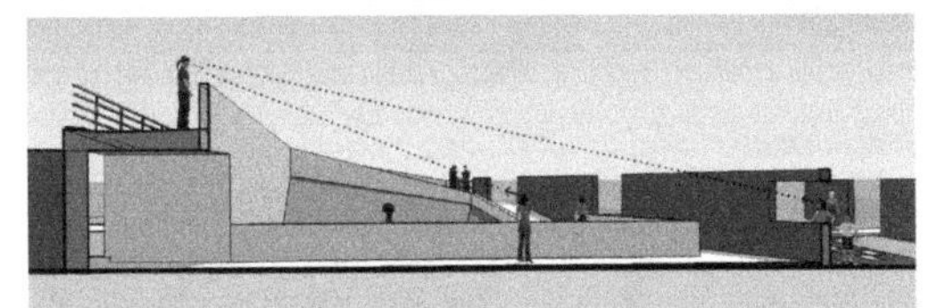

图23 青岛园A-A剖面图

图24 青岛园B-B剖面图

## 3 “小中见大”手法的应用发展与演化

### 3.1 五种小中见大手法在王向荣展园作品中均有体现

从表3可以看出，青岛园和四盒园中应用了全部五种手法，其他展园分别使用五种手法中的部分造园手法。框景和框景错位在六个展园中都有应用，是最常用的手法。仰视、俯视和遮挡地面的手法需要自然地形或人工创造竖向变化，因此，这些手法的使用受制于场地、成本和造园目的等诸多因素的限制，使用频率较低。

**展园造景手法应用** 表3

| 小中见大手法 | 遮挡地面 | 框景 | 框景错位 | 仰视 | 俯视 |
|---|---|---|---|---|---|
| 竹园 | | √ | √ | √ | √ |
| 青岛园 | √ | √ | √ | √ | √ |

续表

| 小中见大手法 | 遮挡地面 | 框景 | 框景错位 | 仰视 | 俯视 |
|---|---|---|---|---|---|
| 四盒园 | √ | √ | √ | √ | √ |
| 快乐田园 | | √ | √ | | |
| 天地之中 | | √ | √ | | |
| 心灵的花园 | | √ | √ | | |

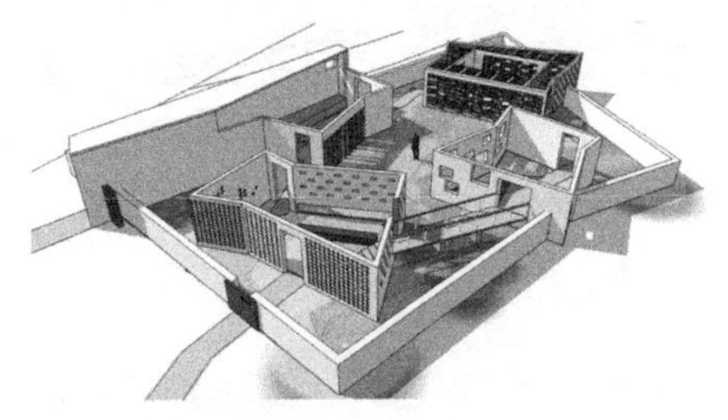

图25　四盒园鸟瞰图

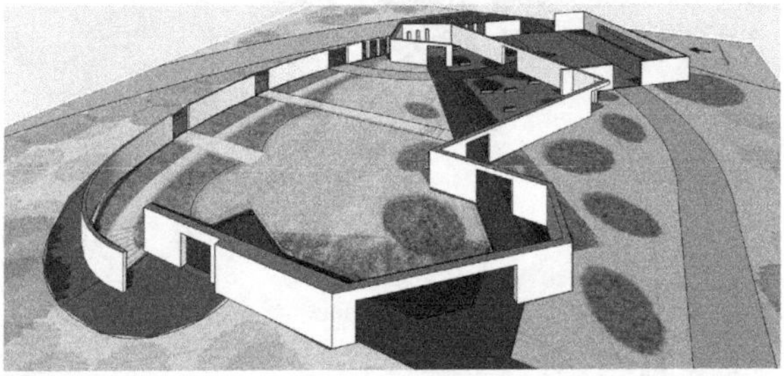

图26　竹园鸟瞰图

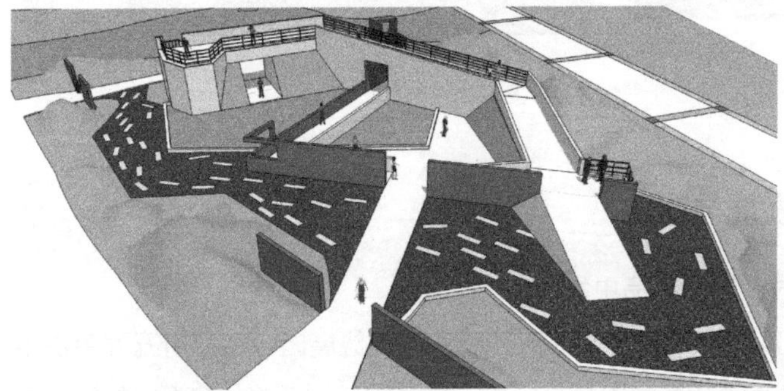

图27　青岛园鸟瞰图

图28　快乐田园中框景材料和形式的创新
（资料来源：王向荣，林菁．快乐田园[J]．城市环境设计，2009（9）：119-121）

### 3.2　五种小中见大手法形式和材料呈现出动态的演化和创新趋势

从竹园（2007年）、青岛园（2007年）到四盒园（2011年），随时间的推移，四盒园（图25）中框景形式的运用比竹园（图26）和青岛园（图27）更加丰富，框景错位的使用也更加多样；四盒园遮挡地面的做法比青岛园更具创新，仰视和俯视的手法愈加巧妙。快乐田园（2009年）（图28）中的框景材料变为竹竿，框景形式更加复杂；天地之间（2010～2011年）（图29）

图29　天地之间中框景材料和形式的创新
（资料来源：王向荣，林菁．15号花园天地之间［J］．城市环境设计，2011（3）：116-117）

图30　心灵花园中框景材料和形式的创新
（资料来源：林菁，王向荣．心灵的花园［J］．中国园林，2012（8）：83-85）

中的框景材料变为布条，框景形式更加繁复；心灵的花园（2012年）（图30）中的框景材料变为竹子与布幔的结合，框景及错位的形式达到了扑朔迷离的程度。王向荣教授不仅大量使用了中国古典园林空间以小见大的手法，而且对手法形式（倒角框景、横向门框）、使用的材料（竹竿、竹子、布条、布幔）进行了革命性的再创造。

## 4　结论

竹园、青岛园、四盒园、快乐田园、天地之中、心灵的花园中小中见大手法的创造性使用是对中国古典园林空间手法的继承和发展，是对“中国传统”与“西方现代”二元对立[14]的摆脱，是对中国古典园林的理性注解与探索。

中国古典园林小中见大的手法对构建中国园林独特的空间属性具有极其重要的理论和实践意义。这些经典的小中见大的空间造景手法必须经过融会贯通，创新改变，才能在现代园林中发挥它的内涵价值。

## 参考文献


[1] 金柏苓. 中国式园林的观念与创造系列论文之五——小中见大、得意忘象 [J]. 北京园林，1991（3）：11-16.

[2] 杨玲，王中德. 空间与意境的扩张——中国古典园林中的以小见大 [J]. 中国园林，2008（4）：57-60.

[3] 王向荣，林菁. 竹园——诗意的空间，空间的诗意 [J]. 中国园林，2007（9）：26-29.

[4] 王向荣. 用空间色彩和材料构建的城市印象——第六届中国（厦门）国际园林花卉博览会青岛园设计方案 [J]. 风景园林，2007（6）：52-53.

[5] 王向荣. 四盒园——空间和诗意的花园 [J]. 风景园林，2010（2）：142-146.

[6] 王向荣，林菁. 快乐田园 [J]. 城市环境设计，2009（9）：119-121.

[7] 王向荣，林菁. 15号花园天地之间 [J]. 城市环境设计，2011（3）：116-117.

[8] 林菁，王向荣. 心灵的花园 [J]. 中国园林，2012（8）：83-85.

[9] 冯仕达. 苏州留园的非透视效果 [J]. 建筑学报，2016（1）：36-39.

[10] 张家骥. 中国造园论 [M]. 太原：山西人民出版社，1991：100.

[11] 郭黛姮，张锦秋. 苏州留园的空间 [J]. 建筑学报，1963（3）.

[12] 彭一刚. 中国古典园林分析 [M]. 北京：中国建筑工业出版社，2007：58-65.

[13]（美）库尔特·考夫卡. 格式塔心理学原理 [M]. 李维译. 北京：北京大学出版社，2010.

[14] 翟俊. 折叠在传统园林里的现代性——以北京2013年园博会设计师广场获奖作品“步移景异”为例 [J]. 中国园林，2014（12）：63-66.

# 十四、董豫赣红砖美术馆中“小中见大”的空间手法分析

（原文载于《沈阳建筑大学学报（社科版）》，2016年第3期，作者：李丹丹，刘路祥，田朝阳）

**本节要义**：以董豫赣设计的红砖美术馆为对象，分析中国传统园林中遮挡地面、框景、框景错位、俯视和仰视五种“小中见大”空间手法在其中的应用。旨在表明这五种手法不仅适用于传统园林，同样对构建中国当代建筑、园林的独特空间有实质作用，既是对中国传统园林的传承，也对中国传统园林造园手法向当代建筑、园林空间过渡具有极其重要的引导意义。

**关键词**：传统园林；红砖美术馆；小中见大；遮挡地面；框景；框景错位；仰视；俯视

## 1 红砖美术馆简介

红砖美术馆（图1、图2、图19、图20[1]）位于北京市东北部何各庄一号地国际艺术区，占地面积近2万$m^2$，其中包括8000$m^2$的室外园林，是一座配备有当代山水庭院的园林史美术馆。美术馆遵循白居易对匠作“因物不改”、“事半功倍”的要求[1]，传承中国古典园林的设计，总体分为三部分：美术馆、中部庭院和北部园林。主体建筑部分设置有休闲空间、接待大厅等；院内有餐厅、咖啡厅、小教庭等；园林中设置有茶轩、临水阁、镜中栖、东北序、十七孔桥、槐谷庭、槐谷等景点，它们之间既分离又相互连通，给人全新的审美体验。

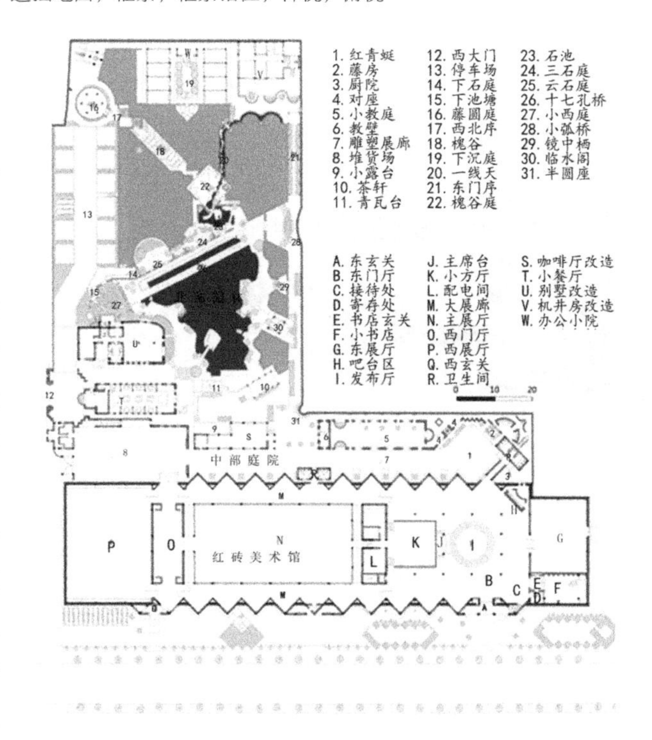

图1 红砖美术馆一层及庭园平面图

## 2 红砖美术馆中“小中见大”的空间手法分析

以五种“小中见大”的手法：遮挡地面、框景、框景错位、俯视和仰视为新视角，分析其在红砖美术馆中的应用。

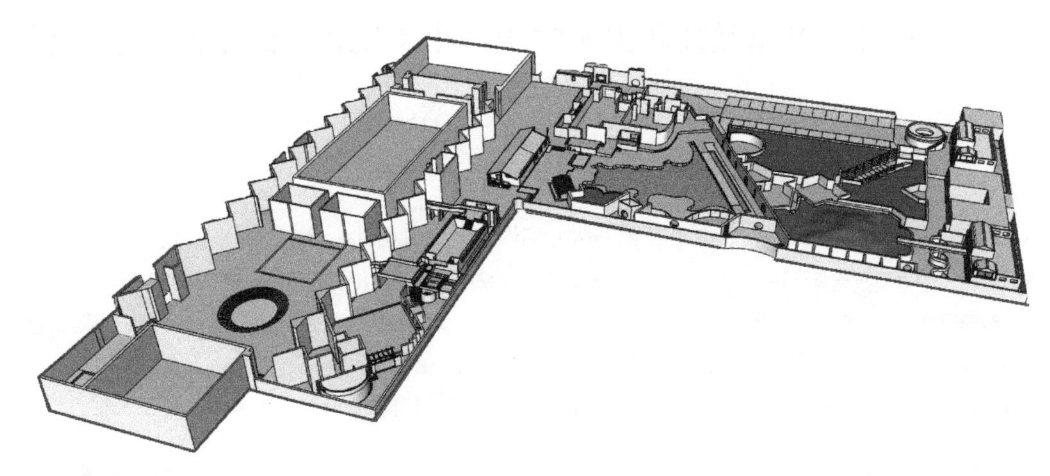

图2　红砖美术馆模型鸟瞰图

（a）　　（b）

图3　茶轩及与前后景物位置图
（a）茶轩实景；（b）茶轩与前后景物位置关系

## 2.1　遮挡地面手法

红砖美术馆中遮挡地面的情况很多，可分为三种形式。

矮墙遮挡：湖边茶轩（图3a）两侧有高低不同的矮墙，一侧对距离约22m的远处建筑，一侧对距离约35m的十七孔桥侧墙（见图3b）。人坐于茶轩之中，临水一侧路面和部分湖面被遮挡（图4a），拉近了茶轩与十七孔桥侧墙的距离，视觉距离小于35m，起身或走出茶轩，发现实际距离变远；另一侧远处建筑与茶轩之间的地面被遮挡（图4b），仿佛建筑被拉到了眼前，视觉距离小于22m，起身或走出茶轩，发现实际距离变远。起身与坐下，由于矮墙的遮挡，产生时近时远的空间模糊感。

其他应用如图5（a）为建筑内某处矮墙遮挡，图5（b）为藤房矮墙遮挡，图5（c）为小弧桥矮墙遮挡。

窗框遮挡：以如图6展厅环状夹层空间为例，墙壁上相距12.5m的窗框之间是相对的，当人远看时，窗框之间的地面被遮挡，对面的窗框被拉近（图6*a*），视觉距离小于12.5m；当人近看时，遮挡消失，窗框之间的实际距离变远（图6*b*）。

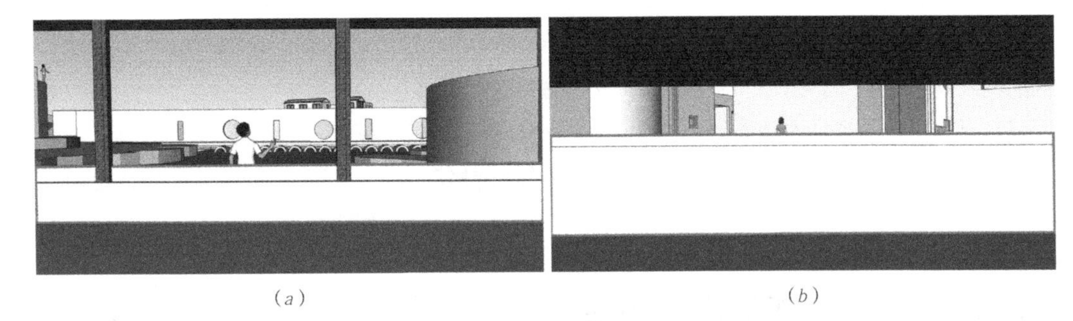

（*a*） （*b*）

图4 茶轩矮墙遮挡
（*a*）临水一侧；（*b*）临建筑一侧

（*a*） （*b*） （*c*）

图5 红砖美术馆中的矮墙
（*a*）建筑内矮墙；（*b*）藤房矮墙；（*c*）小弧桥矮墙

（*a*） （*b*）

图6 夹层空间
（*a*）有遮挡；（*b*）无遮挡

以图7咖啡厅为例，隔着窗框看时（图7*a*），茶轩与咖啡厅之间的地面被遮挡，拉近了茶轩与咖啡厅之间的距离；越过窗框看时（图7*b*），地面出现，发现实际距离变远。同样的应用还有图8（*a*）的镜中栖，图8（*b*）的小教庭，图8（*c*）的教壁。

绿篱遮挡：以图9所示的下石庭为例，绿篱的高度恰到好处，当人远离绿篱时（见图9*a*），人的视线隔着绿篱，下石庭的地面被遮挡，庭内的景物被拉近；当人走近绿篱时（见图9*b*），人的视线越过绿篱，下石庭的地面出现，庭内的景物变远。

这种通过墙、景框实现遮挡地面的做法使得景与墙、景与框、景与绿篱之间的距离模糊，此时人对景物的判断会出现含糊的尺度感。当这种遮挡消失，人对距离的判断会经过短期记忆[2]后恢复正常。

（*a*）　（*b*）

图7　咖啡厅
（*a*）有遮挡；（*b*）无遮挡

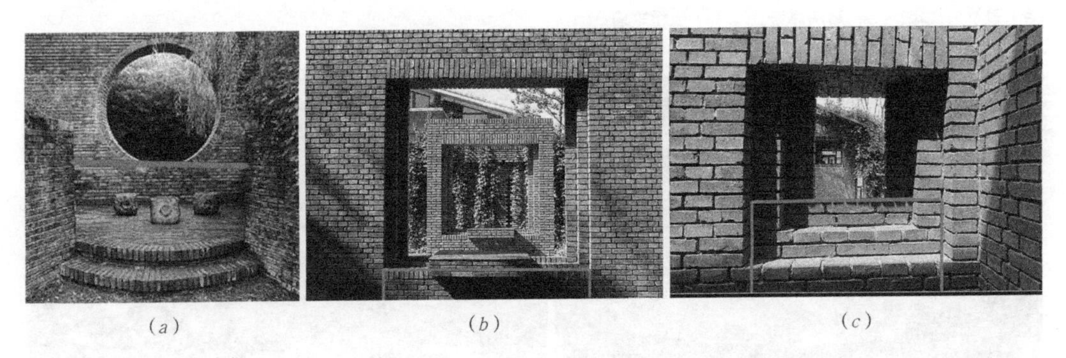

（*a*）　（*b*）　（*c*）

图8　红砖美术馆中的窗框
（*a*）镜中栖；（*b*）小教庭；（*c*）教壁

(a) (b)

图9 下石庭
(a)有绿篱遮挡;(b)无绿篱遮挡

(a) (b) (c) (d)

图10 红砖美术馆中的框(一)
(a)玄关入口;(b)悬浮框;(c)方框;(d)教庭墙框

## 2.2 框景手法

从入口玄关、展厅、中部庭院到北部园林,框景的应用无处不在。例如,图10(a)[3]所示为美术馆东部玄关入口;图10(b)所示为展厅中引人入内的悬浮墙壁上的开框;图10(c)[3]所示为展厅内可窥视后庭、足以想见厅内这些大墙原本具备敞向庭院的无尽魅力[4]的玻璃方窗;图10(d)[3]所示为小教庭墙上一系列框有砖桌的景框。

北部园林中,图11(a)所示为东门序的复合圆形拱廊,图11(b)所示为十七孔桥侧墙上可凸显其后山林意象的框洞,图11(c)[3]所示为同样凸显山林主题[3]的石池腔墙[5]框景,图11(d)所示为下石庭的墙角框景,形式新颖。在游览的过程中,框与不框的不断变化给游人带来视觉距离的模糊,产生了"小中见大"的空间效果。

美术馆中还有大量框景的应用,借助框景来创造"小中见大"的效果,这里不再一一作解,除了上文提到的腔墙框、墙角框等外,还有门框(图12)、窗框(图13),不再逐个分析。

窗框框景的“小中见大”效果在遮挡地面中已述，不再赘述。框景形式多样，其中漏斗式（见图13*a*、图13*f*）更是一改传统框景形式，是一种创新。

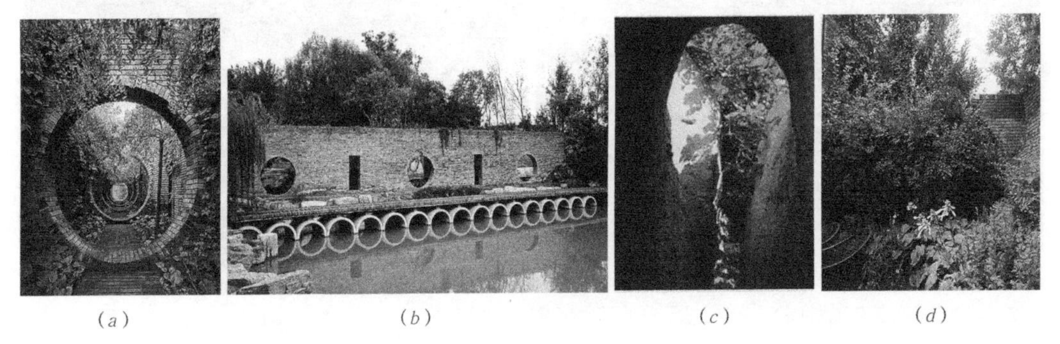

图11 红砖美术馆中的框（二）
（*a*）东门序；（*b*）十七孔桥侧墙；（*c*）石池腔墙；（*d*）下石庭

图12 门框
（*a*）西北序；（*b*）十七孔桥圆门；（*c*）对座

图13 窗框
（*a*）西坡道漏斗窗；（*b*）竖框；（*c*）漏斗窗；（*d*）扇形漏窗

由以上可知，实现框景的景框类型多样，有单框（见图12*a* ～图12*c*、图13*a* ～图13*b*）、复合框（见图12*c*、图13*c* ～图13*d*）、实顶框、开顶框、横向框、竖向框、正框、斜框等，其形式更丰富，有漏斗式（见图13*a*、图13*c*）、长方形、正方形、圆形（见图12*b*）、倒"U"形（见图12*c*）、扇形（见图13*d*）等。

## 2.3 框景错位手法

红砖美术馆中利用框景错位的做法很多，可分为三大类。既有在同一水平方向上的水平平行错位（图14），又有在竖直方向上的垂直平行错位（图15），更有景框之间形成一定角度的水平角度错位（图16～图18）。

从分析中可以感知，景框的错位有两层（见图14*a*、图16）、三层（见图14*b*、图14*c*、图15、图17）、四层（见图18），框景错位的层次越多，视线穿越的空间层次也越多，同时视线被压缩得越明显，感知的空间距离亦越远。尤以槐谷庭做法为妙（图19），四面墙上皆作一个折角，只有一段水流以及洞口的石头标识着方位，确有周仪[5]感知的留园石林小屋之"迷"。这种小的遮挡与错位使其后的空间产生很大的"爆破"。

（*a*）

（*b*）

（*c*）

图14　水平平行错位
（*a*）玄关入口；（*b*）石池；（*c*）云石庭

（*a*）

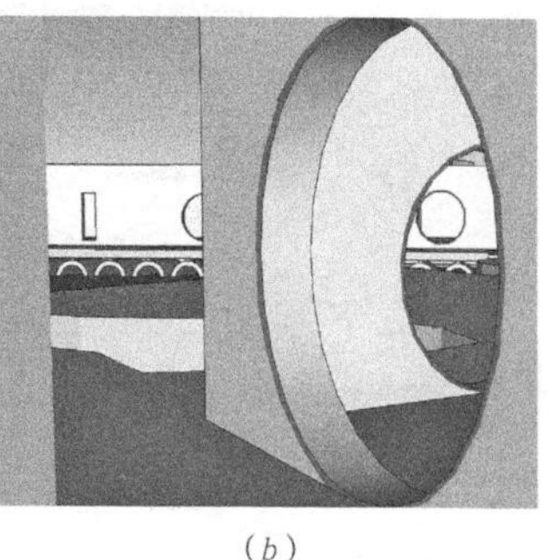

（*b*）

图15　垂直平行错位
（*a*）三石庭；（*b*）室内

（*a*）

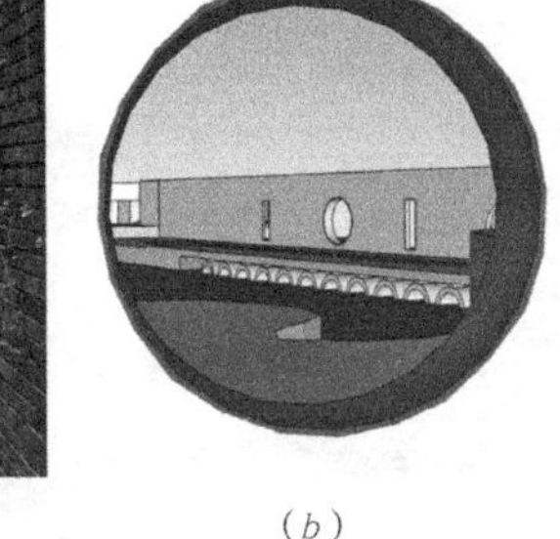
（*b*）

图16　两层水平角度错位
（*a*）石洞；（*b*）镜中栖

（*a*）

（*b*）

图17　三层水平角度错位
（*a*）室内；（*b*）临水阁

图18　四层水平角度错位

(*a*)

(*b*)

(*c*)

(*d*)

图19　槐谷庭
(*a*)西北门；(*b*)西南门；(*c*)东北门；(*d*)东南门

由以上可知，美术馆框景错位做法形式多样，不仅有门框与门框的错位，还有窗框与窗框、门框与窗框的错位，这里的虚框是视觉感知的框，更有创新突破正框与斜框的错位——石涧（见图16*b*）。

### 2.4　俯视和仰视手法

槐谷通过坡道创造山林意象（图20），无论仰视槐谷（见图20*a*），还是俯视槐谷（见图20*b*），俯仰之间，在不知不觉中被抬升或降低，视觉感知的景物尺度或扩大或缩小，所感知的空间也在走走停停之间不断变化。这是董豫赣教授从清水会馆的"斯卡帕台阶"发展成的一种人造的地形和山体，更是对冯纪忠方塔园石堑道（图21）的一种创新。

美术馆中产生仰视和俯视的方式可分为四种：建筑高差（图22）、坡道高差（图23）、地形高差（图24）、阶梯高差（图25）。

无论是哪种形式创造的仰视和俯视的空间效果，所体现的"小中见大"的空间感，所借、所观、所感之景，应该都是郭熙"不下堂筵，坐穷泉壑"之感的一种体现。

(*a*)

(*b*)

图20　槐谷
(*a*)从槐谷庭仰视；(*b*)从西北序俯视

图21　方塔园石堑道

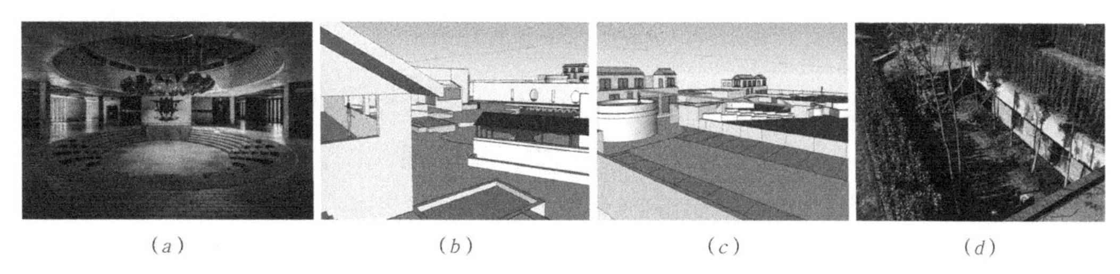

（a）　（b）　（c）　（d）

图22　建筑高差
（a）夹层空间；（b）咖啡厅；（c）藤圆庭；（d）下沉庭

（a）　（b）

图23　坡道高差

图24　地形高差
（a）绿地俯视；（b）仰视绿地

（a）　（b）

图25　阶梯高差
（a）俯视云石庭；（b）仰视下沉庭

## 3 结语

无论是在建筑、庭院中，还是在园林中，董豫赣教授都巧妙地使用了中国古典园林空间“以小见大”的空间手法，表达了用有限创造无限的中国空间审美意象，成功地实现了中国古典园林空间手法和意识在建筑设计与园林设计中的双重现代化转译。

中国古典园林的传承应该是审美意识和空间手法的传承，而不是追随其外表的形态和符号[6]。红砖美术馆作为当代中国式建筑、园林的典范，其体现的无限的空间意识和“小中见大”的造景手法都是中国古典园林的精髓，需要传承。

其对框景手法（墙角开框）、景框形式（漏斗式）、建筑材料（红砖、青砖、青瓦）进行的创新，更是对“中国园林空间现代性”的揭示。作为当代景观设计师，应不断探索、创新，为实现中国古典园林向现代化转译开辟道路。

## 参考文献

［1］董豫赣．随形制器：北京红砖美术馆设计［J］．建筑学报，2013（2）：50.
［2］郭黛姮，张锦秋．苏州留园的建筑空间［J］．建筑学报，1963（3）．
［3］董豫赣．败壁与废墟［M］．上海：同济大学出版社，2012：48-74.
［4］董豫赣．意象与场景——北京红砖美术馆设计［J］．时代建筑，2013（2）．
［5］周仪．红砖美术馆庭院三识［J］．建筑学报，2013（2）：52-54.
［6］王向荣，林菁．多义景观［M］．北京：中国建筑工业出版社，2012：214-243.

# 第十二讲
# 中国古典园林眼前有画的空间界面模式

## 十五、从眼前有景到眼前有画
## ——“造园三境界”之“眼前有景”的再认知

（原文载于《西安建筑科技大学学报（社科版）》，2017年第4期，
作者：刘路祥，田芃，田朝阳，题目有所改动）

**本节要义**：文章分析了中国传统园林“如画”赏园对“如画”造园的影响，辨析了景与画之间的共同点和区别，揭示中国传统园林尤其是江南园林所追求和达到的高度不仅仅是童寯先生在“造园三境界”中所言的最高境界——“眼前有景”，更是“眼前有画”。理解其中的差别，对传承中国传统园林如画赏园的观法和如画造园的现实操作都具有重要的理论和现实意义。

**关键词**：古典园林；造园三境界；景；眼前有景；如画；眼前有画

在《江南园林志》的总论中，童寯先生提出“盖为园有三境界”的说法：“第一，曲折尽致；第二，疏密得宜；第三，眼前有景”[1]16。童明在“眼前有景——江南园林的视景营造”一文中对这“三境界”的思想进行了详细解读[2]；周宏俊在“试析《江南园林志》之造园三境界”一文中对造园三境界的背景、内涵与意义进行了深刻探寻[3]；董豫赣亦曾对造园三境界的关系和层次进行过详细论述。此外，查方兴、钟曼琳等人在各自的学位论文中亦对“造园三境界”有过深入的讨论与分析[4, 5]。

“眼前有景”是童寯先生认为的为园之最高境界。然而，童寯先生在其“三

境界”中，却并未谈及“画”字。中国园林的“如画”欣赏与营造古已有之，如唐代王维评中国园林为“立体的画”。至山水画成熟的宋代，洪迈说“江山登临之美，泉石赏玩之胜，世间佳境也，观者必曰‘如画’”[6]216。此后清初画家王鉴说“人见佳山水，辄曰如画”，透露出“如画”与自然欣赏的常态联系[7]。现代学者管少平的“两种如画美学观念与园林”、顾凯的“中国园林中的‘如画’欣赏与营造的历史发展及形式关注”、金秋野的“可变之‘观’与可授之‘法’”、王欣的“如画观法”等文亦有对中国园林的“如画”欣赏与营造的深入研究[7~10]。

景是造园的专业词汇，而画作为绘画的专业词汇，两者在园林营造中有何关联和区别呢？本文着重对眼前有景和风景如画进行探讨，探寻在园林中实现风景如画的营造方法。

## 1　画对景的影响

### 1.1　画对景的影响的时期界定

画对景的影响在中国园林中分为欣赏和营造两个层次。事实上“如画”观念在中国园林欣赏和园林营造中，分别有着非常不同的历史进程。中国园林中对景的“如画”欣赏，要远早于“如画”营造[8]。

在六朝时将绘画与自然景色相关联的认识就已出现，通过绘画来观赏自然景物的方式，也很自然地被引入欣赏具有自然景致营造的园林[7]。唐代对于风景与绘画关联的观念呈现出加强的趋势。宋代以来，随着文人画家增多，以绘画为把握自然的方式越发普遍，园林中的欣赏将风景比拟为绘画也越发常见。再到明代中期，以“如画”观念来欣赏园林，已成为普遍而自然的事情[8]。

尽管唐宋以来，出色的造园与绘画都追求山水意趣，山水画与园林都具有某些相类似的特点，然而，自觉、明确地使用绘画方法原则直接指导园林营造，明代中期以前尚未出现[8]。据顾凯考证，到明代中期以后，逐渐有记载体现以画入园，到晚明，董其昌提出“公之园可画，而余家之画可园”，视为文人观念中园画相通、以画入园的标志[8]。此时，“如画”终于确立为园林境界所追求的目标和营造的原则[11]。

### 1.2　画对景的影响的先例

晚明以后，绘画开始对造园产生技法操作上的影响。明末著名文人李渔的独创性设计——便面窗（图1），以其窗形，使“船之左右，止有二便面，便面之外，无他物矣。坐于其中，则两岸之湖光山色……连人带马，尽入便面之中，做我天然图画”[12]。船侧之景，俱因此窗的设立而成画。正如李笠翁所言：“同一物也，同一事也，此窗未设以前，仅作事物观；一有此窗，则不烦指点，人人俱作图画观矣。”[13]183, 203-204李渔的便面窗建立了画与景的转化途径，在观者眼中，经过此窗，一般“事物”俱转化为“画”。由此可见，以“如画”欣赏观念对李渔之影响可见一斑。

李渔发现并一语道破了“事物”和“图画”之间的转换机制。其后李渔再作出的“尺幅窗、无心画”（图2）的变通设计，尽管具体方式有所不同，亦足以证明如画对观景心切的李渔起到的影响。

图1 李渔便面窗

图2 尺幅窗

## 2 景与画的关联与区别

### 2.1 景与画的关联

1. 目的、要素及透视方法的关联

景与画都以使人愉悦为目的，而且两者的组成要素，一般都有山水、花木、鸟兽鱼虫等。此外，在景观元素的选取上前者学习后者的“外师造化”，尽量搜奇，以至于“计步仅四百”，也可“自得所谓江南之胜，惟吾独收矣”[14]。正因此关联才可以景为画，以画为园（景）。景可成画，画可成景，正如董其昌所言“画可园，园可画”，由此李渔才可实现景与画的转化。此外，在观看方式上中国山水画中的距离与空间的处理方式是散点透视法。而现实中风景的观看要求也是散点透视。

2. 画种、画派、画风及构图方式的关联

按画中物理要素不同绘画可分为山水画、花鸟画、鱼虫画等不同画种。不同画种展示的物理对象较为纯粹，且以山水画为主；与之对应，园中也有山水、花鸟、鱼虫等景物，区别在于这些物理对象混在一起，如果不具备画家的眼界，难以区分，而且普通人游园者多以山水作为主要园景观赏，忽略了其中的花鸟、鱼虫等景物。

画有画派之分，如以荆浩、关仝为代表的北方山水画派（图3*a*）和以董源、巨然为代表的南方山水画派（图3*b*），以及南宋四家（李唐、刘松年、马远、夏圭）和元四家（黄公望、王蒙、倪瓒、吴镇）等，与之对应，园林设计营造效法山水画，也有雄浑的北方皇家园林（图3*c*）和细腻的江南私家园林（图3*d*）。精通绘画的晚明造园家计成、李渔等人必然受到画论的影响。

画有画风之分。画风可按多种标准划分。如以构图划分画风，马远构图多用边角形式，夏圭常以半边景物表现空间，故有“马一角，夏半边”之说（图4）。园林中也有对应的景物构图（图5）。

图3　画派与园林流派
(*a*) 南方画派，关仝，《关山行旅图》；(*b*) 北方画派，董源，《龙宿郊民图》；(*c*) 北方园林，谐趣园；(*d*) 江南园林，寄畅园

图4　绘画中不同构图的画风
(*a*)《山径春行图》，马远；(*b*)《梧竹溪堂图》，夏圭

(a)

(b)

图5 园林中对应绘画画风的构图造景
(a)马一角式的构图；(b)夏半边式的构图

3. 创作思想与目的的关联

景（园林园景）与画（山水画）都受美学观念的影响和指导。实际上，中国古典园林与山水画在思想观念上本来就有着相同的渊源，有着一致的目的，在创作方法上有很多雷同并相互影响。在美学意义上，两者是异质同构。在创作思想和目的上，山水画和园林都直接关涉如何欣赏和表现自然以及反映人与自然的关系的问题，两者都受到儒释道思想的深刻影响，尤其是道家思想的影响是决定性的[7]。

## 2.2 景与画的区别

按照绘画的要求，一幅画的组成部分当有画框、景和画布，即：

纸画＝画框+景+画布

按照如画造园的要求，眼前有画当有景框、景和粉墙，即：

园画＝窗框（门框、墙框）+景+粉墙

1. 裸观成景与框观如画

没有框的景，称为裸观。加上框后，即可成画。但仅仅是画的雏形。在将自然风景转变为审美对象的过程中，风景至少首先是通过视觉看到的自然，进而能“看到什么”，获得什么样的审美享受，则取决于怎么看，如画是我们用“如画之眼”（设置的窗框）观景的结果。

2. 自然成景与粉墙如画

在景的基础上，再加上背景的画布（白墙），才变成真正的画。

中国园林中园景常以粉墙为底（画布），窗框为画框视之，犹如一幅画，被称为“窥视效应”。图6（a）、图7（a）所示为自然背景的假山景观，图6（b）、图7（b）所示是粉墙为底的假山、置石园景，图6（*c*）、图7（*c*）所示是加上画布和画框后的景——画。中国园林中的窗子等设施正是利用“窥窗效应”来产生画的效果的[15]。正如宗白华先生说：“窗子在园林建筑艺术中起着重要的作用。有了窗子，内外就发生交流。经过窗子的框框望去，就是一幅画”[16]。依宗白华先生所言，中国古典园林中随处可见窗子的框框下的景而形成一个个框景，它们就是一幅幅画。

由李渔的便面窗和无心画以及宗白华先生所言可知，景与画的实质区别在于观看方式的不同——景是不加修饰的裸观，画是加以窗框的框观。

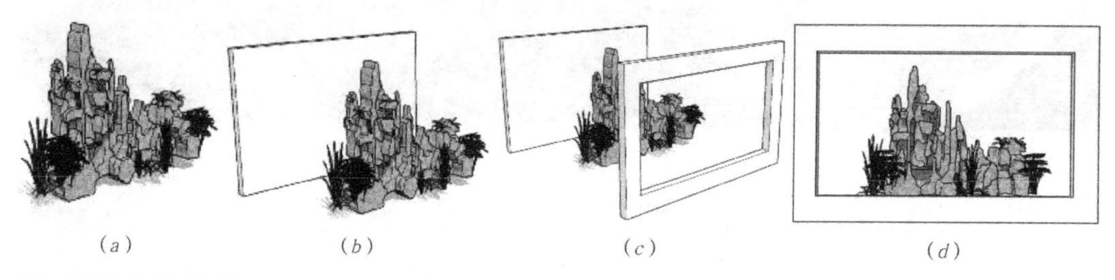

（*a*）（*b*）（*c*）（*d*）

图6 绘画中景到画的演化
（*a*）裸观的景；（*b*）粉墙背景的景；（*c*）加上框的景；（*d*）由景到画

（*a*）（*b*）（*c*）

图7 园林中景到画的演化
（*a*）苏州园林中的裸观的景；（*b*）苏州园林中的粉墙为纸；（*c*）苏州园林中的墙洞为框

3. 剪辑成景与收避如画

艺术来源于生活而高于生活。中国古典园林“师法自然，高于自然”，大自然的景物并非全是优美的，因此，园林中的景，是大自然美丽事物的剪切。拳石当山，勺水当湖，缩天移地，是对大自然景物的缩移剪辑。以中国古典园林假山为例，假山是“假”借自然山体之起伏绵延之形态，是自然名山大川的剪辑缩影。同理，绘画中的景物也是美丽事物的拼贴。故而，《园冶》中有“嘉则收之，俗则避之”之说。画布、粉墙可以突出景物，画框、景框可以规避俗物。

## 3 眼前有景与眼前有画

中国园林以画理构园，园林中的景物也就自然举目如画。园林中各种洞门、窗格、门框等常常充当园林中的取景框，把透过窗洞看到的景物收束其中，从而自成一幅古朴的图画，画意甚浓。而园林中的白墙往往成为这幅画的背景，通过在白墙前点缀湖石花木等如此组成一幅山石花木画。

贝聿铭先生的苏州博物馆中的片石假山被称为神来之笔。贝先生以粉墙为底，用片石绘制了一幅绵连幽远的画作。在预先设定的窗框观之，一幅优美的画作，可谓眼前有画（图8*a*、图8*b*）。然而斜观假山（图8*c*）有瞬间崩塌之感，石头走向像打了败仗溃不成军的队伍一样，画意全无，但仍不失为眼前有景。李兴刚的绩溪博物馆的假山（图9），亦是裸观为景，框观如画。笔者以为熟谙苏州园林的贝先生追求的绝不仅是“眼前有景”，更是“眼前有画”。

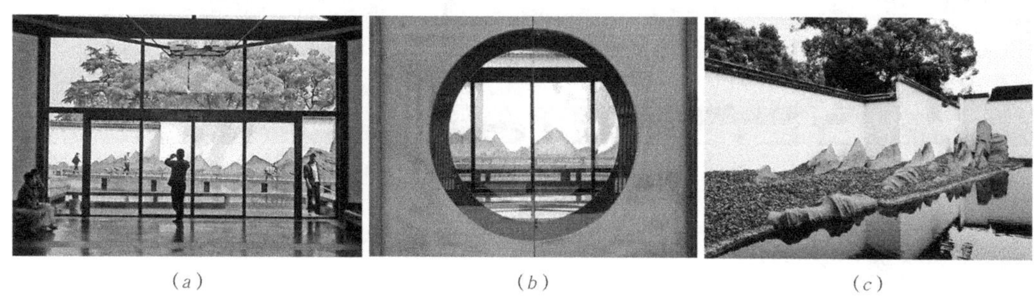

（*a*）　（*b*）　（*c*）

图8　苏州博物馆的片石假山
（*a*）从中庭门窗北望假山；（*b*）透过窗框北望假山；（*c*）苏州博物馆假山

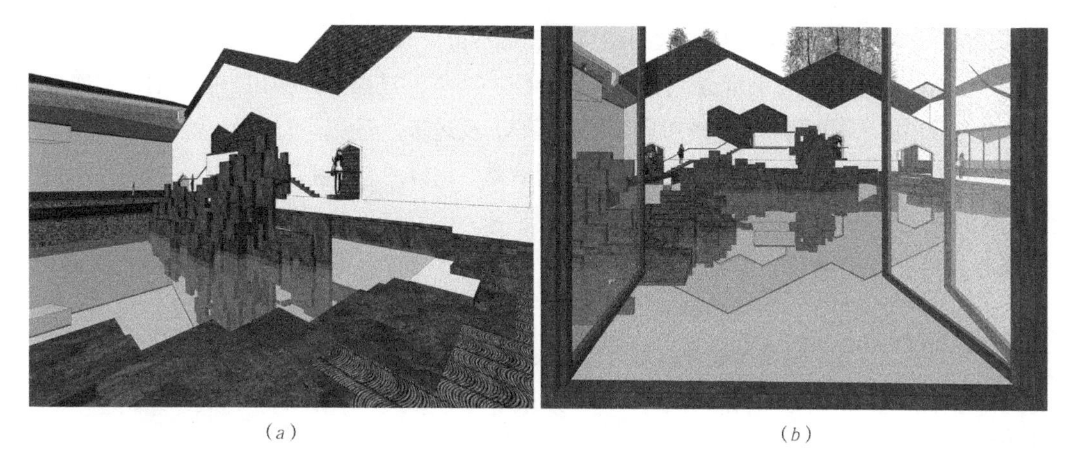

（*a*）　（*b*）

图9　绩溪博物馆的假山
（*a*）绩溪博物馆假山；（*b*）透过门框望向假山

中国古典园林更是如此，其框景做法样式甚多（图10），如苏州沧浪亭（清时重修）全园窗式共有108种，每一窗框必有景对应，一个个框景犹如不同形式的画框装裱后的画作[17]。今人游园，观赏窗景，“得意酣歌之顷，可忘作始之李笠翁乎？”[13]可见，园林中框景的追求亦受李渔的影响，其追求的实质也和李渔一样是“眼前有画”。

（a）

（b）

图10　古典园林中的画
（a）框景（一）；（b）框景（二）

## 4　结语

“如画”在中国古典园林中所起到的重要作用不可一概而论，其在中国古典园林中分为“如画”的欣赏和“如画”的营造，两者有着完全不同的时间进程。对于中国古典园林，“如画”的欣赏意即用山水画的评价标准来批评、鉴赏园林，反过来，要使园林如画，就需要用山水画的艺术、美学观念和创造手法来指导园林的设计建造。这样的“如画”赏园作为“如画”造园的先导，在明代中期已经完全确立，且越发频繁而深入的园林和山水画效果的关联，为晚明时期确立“如画”造园提供了坚实的基础。

中国的“文人园”可以说是循着“文人画”而发展起来的，明代计成在《园冶》中有“宛如画意”之说。真正影响中国园林的是为园之人对画意的追求。在明晚期最终将“如画”确立为园林境界所追求的目标和营造的原则，成为园林优劣评判的一个标准，对园林的发展有着非凡的意义。

景与画不同，两者交叉后画对景产生影响。中国园林园景与画的实质区别在于观法的不同，前者裸观形成眼前有景，后者框观形成眼前有画。中国古典园林尤其江南园林框景的大量出现，使得处处框景，以至处处如画，由此可见园林营造者对画意的追求。中国园林追求的实质和达到的高度不仅是童寯先生所言的造园最高境界——“眼前有景”，确切地说更是“眼前有画”。理解其中的差别，对传承中国古典园林如画赏园的观法和如画造园的现实操作都具有重要的理论和现实意义。

## 参考文献

[1] 童寯. 江南园林志 [M]. 北京：中国建筑工业出版社，2014：16.
[2] 童明. 眼前有景——江南园林的视觉营造 [J]. 时代建筑，2016（5）：56-66.
[3] 周宏俊. 试析《江南园林志》之造园三境界 [J]. 时代建筑，2016（5）：67-71.
[4] 查方兴. 眼前有景——浅析《江南园林志》"三境界说"的涵义 [D]. 北京：中国美术学院，2010.
[5] 钟曼琳. 造园"三境界"对赖特和康的现代建筑作品的剖解研究 [D]. 北京：中国建筑设计研究院，2013.
[6] 洪迈. 容斋随笔 [M]. 北京：中华书店出版社，2005：216.
[7] 管少平，朱钟炎. 两种如画美学观念与园林 [J]. 建筑学报，2016（4）：65-71.
[8] 顾凯. 中国园林中的"如画"欣赏与营造的历史发展及形式关注 [J]. 建筑学报，2016（9）：57-61.
[9] 金秋野. 可变之"观"与可授之"法"——《如画观法——传统中国山水画视野构造之于建筑设计》研讨会 [J]. 建筑学报，2014（6）：1-9.
[10] 王欣. 如画观法 [M]. 上海：同济大学出版社，2015：59-113.
[11] 顾凯. 画意原则的确立与晚明造园的转折 [J]. 建筑学报，2010（S1）：127-129.
[12] 朱雷. 有关李渔"便面窗"的分析——借助于媒介的思想看空间的转换 [J]. 华中建筑，2006（10）：162-163.
[13] 李渔. 闲情偶寄图说 [M]. 王连海注. 济南：山东画报出版社，2003：183，203-204.
[14] 计成. 园冶 [M]. 陈植注. 北京：中国建筑工业出版社，1988：42.
[15] 王中原. 对"风景如画"的美学探讨 [J]. 东南大学学报，2013（1）：75-77.
[16] 宗白华. 美学散步 [M]. 上海：上海人民出版社，2005：36.
[17] 封云. 园景如画——古典园林的框景之妙 [J]. 同济大学学报，2001（10）：1-4.

# 第十三讲
# 中国古典园林建筑
# 如画与入画的空间布局模式

## 十六、如画与入画
## ——中西方古典园林建筑的位置经营比较研究

（原文载于《华中建筑》，2018年第1期，作者：任猛，刘路祥，田朝阳）

**本文要义**：基于如画和入画观念，文章通过对中西方园林建筑的位置经营进行比较，发现西方园林偏向于“如画”，中国园林不仅具有“如画”的方面，也具有“入画”的方面。说明仅仅依靠“如画”理论无法完整地评判中国园林，提出中国园林应该以更适合的“入画”理论来进行评判。希望中国园林界能够以中国传统的视角对待中国园林，而非一味地以西方的理论来造园和论园。

**关键词**：如画；入画；中西方传统园林；园林建筑；位置经营

西方的如画（picturesque）是18世纪源于英国的一种审美观念，后来发展成为一种绘画的美学观念，并演化为一种造园的方法。英国诗人蒲柏曾对此有所论述：“所有园林就是风景画，正如挂起来的风景”[1]。中国山水画的起源较西方更早，如画更是中国造园的重要理论和方法。“不管是理论上的推演还是文献所展现的事实，成功的如画造园都会对于具体视觉形式加以充分关注，无论中国还是英国，都是如此”[2]。

可见，无论是中国园林还是西方园林，都存在对如画的追求。如此，仅仅根据“如画”观法难以对中西方园林来进行区分或者比较，故此引入“入画”观法的观念。如果说，“如画”观法是指人站在建筑外面，将建筑及其周围的景物视作画面，这就要求建筑与景物和谐经营成为具有风景画品质的构图。那么“入画”的观法，是指人在建筑内部，将建筑作为取景器，将门、窗作为画框，观赏眼前的景物，这就要求建筑的布局、位置、朝向、开窗、开门方向的经营必须与眼前的景物相互对应。

根据中西方园林中园林建筑的观法模式的不同，产生人（视点）—景关系的不同处理方式，可以看出二者的区别，即入画与如画的不同观法模式。需要指出的是，“如画”和“入画”所追求的都不是随意的景物，而是按照画意和构图刻意经营的景物——具有画面品质的景物。

## 1　如画与入画概念辨析

根据视点（人）、景物、建筑位置的关系，可将观看模式分为如画模式、入画模式和既如画又入画模式三种。

如图1所示，“如画”模式中，视点（人）在户外，裸眼观看景物，建筑属于景物的一部分，起点景和构图的作用。

如图2所示，“入画”模式中，视点（人）在建筑内部，通过门窗等观赏景物，建筑具有取景器的作用。

如图3所示，“如画和入画”模式中，建筑既有点景和构图的作用，也有取景器的作用。

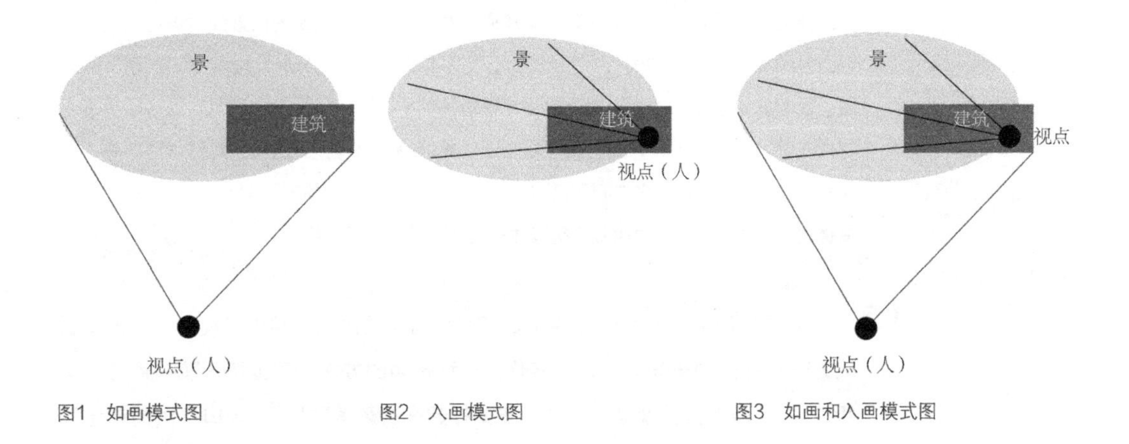


图1　如画模式图　　图2　入画模式图　　图3　如画和入画模式图

## 2　西方园林建筑的观法模式——如画

### 2.1　“如画”风景——“如画”绘画

18世纪初，英国造园师们开始向自然式园林靠拢，此时“觉醒了英国人自然美感意识”的风景画以及“发展出了人们欣赏自然风景新意识”的田园诗，经过画家和诗人的概念转译后，成为造园最直接的指导[1]。也因此，“如画”逐渐从一种文学名词转变成了美学观念，甚至成为西方园林的评判标准。为此，西方曾出现名为“洛兰镜”的东西，“人们透过洛兰镜去观赏园林，看到画家眼中‘如画’的视野”[3]。17世纪著名风景画家洛兰的《牧羊人的羊桥景观》（图4）是风景画的代表作之一，其中的建筑起构图和点景的作用，使整个画面成为“如画”的。

图4 《牧羊人的羊桥景观》
（资料来源：郑小东，丁宁、从布景到事件——记英国园林中的点景建筑［J］. 风景园林，2015（12）：28-34.）

### 2.2 “如画”绘画——“如画”园林

17世纪英国诗人、散文家约瑟夫·艾迪生在《庭园的快乐》里，从自然里发现了几何造园难以媲美的恢宏与壮阔。他从意大利台地花园废墟里发现“人工建筑消退，而自然植物于建筑废墟中自由滋生的伤感场景”，成为西方文人与画家至今还很迷恋的如画场景。他们以西方建筑学的造型习惯，将建筑置于自然风景园林的构图中。把建筑作为“如画”的旁观构图，是神庙还是城堡，是废墟还是新居都无所谓，只剩下“如画”的视觉体验，是一种接近死亡的“永恒”构图的存在[4]。

郑小东等在“从布景到事件——记英国园林中的点景建筑”一文中指出，将具有“如画”式审美的英国园林建筑Folly，称为点景建筑或布景建筑[5, 6]，照搬中国园林中的亭、坊等建筑和假山等来满足其猎奇心理，如图5所示。英国园林师根本没有理解这些园林建筑的本质，仅仅起到点景作用，没有观景的作用。只抄走了形式，没有体现出其内涵。

斯杜海德园中，在构图方面，远景的建筑、中景的石桥（图6），模仿了洛兰的风景画《牧羊人的羊桥景观》构图，其景物主要是石桥的中心位置，建筑为缩小版的万神庙。建筑封闭无法向外观看，且位置经营非常尴尬——人在观景的时候臀部要对着神像，这是对神的大不敬，而拜神的时候，则会臀部对风景，可见西方“如画”式构图园林的纠结。

另一个如画的经典之作是建筑大师赖特的著名作品流水别墅（图7），被美国建筑师协会评为125年来美国最好的建筑。布鲁诺·赛维在《现代建筑语言》中提出了现代建筑的七项原则，认为唯一满足这七项原则的建筑就是流水别墅[7]。刘家麒老先生在“风景园林师眼中的跌水别墅”一文中[8]，发现需要从河对岸望过来，才能看到流水别墅的“奇险秀美”，而最佳观景点位于齐腰深的水中，却没有设立人的停留点建筑——取景器，从内部看不到最佳风景——泉。这也反映出西方对于建筑与环境的有机是“如画”层面。

图5　英国园林中的点景建筑
（资料来源：网络）

图6　斯杜海德园林的桥与亭
（资料来源：网络）

18世纪英国著名女画家奈特（Dame Laura Knight，1877～1970年）说：“当选择一个住宅的地点时，它应该放在一个如画的位置上，这比它应该有一个好的视野更重要”[4]。这更直接地说明了西方园林中园林建筑的地位和功能，也揭示了“如画”观法中，人—景是一种分离的关系。

图7　流水别墅
（资料来源：网络）

## 3　中国园林建筑的观法模式——入画

### 3.1　“入画”风景——“入画”绘画

唐代的张彦远在《历史名画记》中说：“魏、晋以降，名迹在人间者，皆见之矣。其画山水，则群峰之势，若钿饰犀栉，或水不容泛，或人大于山，率皆附以树石，映带其地，列植其状，则若伸臂布指”[9]。由此可知，中国的山水画的起源可以追溯至魏晋时期，也从侧面反映出中国山水画的观法是一种动态的，有别于西方“濒临死亡”的构图观法。

中国山水画中的建筑一般都不仅仅是作为点景而存在，而是有人居的。如图8所示，唐寅的《溪山鱼隐图》中，建筑虽具有构图的作用，但是建筑中是有人居的，而且人在建筑中的行为是在观景。郭熙：“见青烟白道而思行，见平川落照而思望，见幽人山客而思居，见崖扁泉石而思游。看此画令人起此心，如将真即其处，此画之意外妙也”。郭熙将青烟白道、平川落照等可见的如画形象，嵌入四个“见……思”中，他们在画面中的视觉存在就是诱惑人们进入画内，展开行、望、居、游的“入画”生活[10]。中国山水画中建筑与人会发生身体上的关系，这种身体的起居让建筑以至于整个画面都有一种活物的生气。人在建筑中的形态一般都是正对着景物而非背对，说明中国山水画中建筑是为了“入画”去观景而设置的取景器。

图8 唐寅的《溪山鱼隐图》
（资料来源：网络）

3.2 “入画”绘画——“入画”园林

郭熙对于山水画“如将真即其处”的要求，经过造园师，自然地被带入到现实生活中，山水画中观者对建筑的联想在园林中被实现。人们在建筑中观园林，看到的“如画”景观，其实已经是造园师经过建筑修饰过的画面。换言之，“入画”就是在“如画”的构图基础上进行优化。计成在《园冶》中提到：“俗则屏之，嘉则收之”[11]。经过“入画”的观赏之后，呈现给人们的可以说就是精心挑选过的景，而其余不能称作景的部分都被遮挡，一方面带给人的都是最佳景观，另一方面会让人自己联想被遮挡部分会是如何同样美的景，这才算真正做到“眼前有景”。

在中国传统建筑中，存在许多的窗花、门花、墙画、屏风等，而这些其实都可以算是中国古典园林之景的缩影，说明人们还是偏向于能够随时随地做到“眼前有景”。虽难免有自欺欺人之嫌，可中国传统文化中从来不乏意境联想。计成在《园冶》中说：“先乎取景，妙在朝南”。可见，取景是中国园林建筑的第一要务。“如画”的景固然重要，但为了更好地取景，观法更为重要，“入画”便是中国古典园林特有的一种观法。留园中具有许多入画的观法，五峰仙馆（图9）、鹤所（图10、图11）、翠玲珑（图12）等，既是如画的建筑，又是入画的取景器。中国园林中建筑借助门、窗、洞，将景变成一幅幅山水画，人在建筑中看到的都是园林中最佳的景物。

图9 五峰仙馆内部南望
（资料来源：网络）

图10 鹤所
（资料来源：网络）

图11 鹤所外眺
（资料来源：网络）

图12 翠玲珑望竹

## 4 如画与入画观法模式的心智比较

在具有“如画”式审美的西方园林中，建筑除了作为点景的构图元素外，本身不具有其他和景有关的作用，人们在观赏景物时，视点也在建筑之外才能获得最佳景观。在具有“入画”式审美的中国古典园林中可以很明显地感觉到，建筑是一种取景器。当建筑存在时，对于最佳的景观有很明确的指向性，同时又将不好的部分遮挡而带给人遐想的神秘感，所以中国园林中建筑的如画和入画的双重功能不言而喻。

在“如画”与“入画”的对比中，我们不能直接以现存的中西方园林去比较优劣。但是，如今，中外很多的开发商都在大规模地推出天然水景房、海景房，这说明人们的需求已经不仅仅是机械的窗朝南向，更多的是对于景的追求，这与中国传统“入画”审美不谋而合。王维仁的杭州西溪艺术村项目（图13）是由一系列建筑观景器组成[12]，每一个观景器都提供了一个

图13　西溪艺术村“观景器”
（资料来源：钟宏亮．建筑观景器——王维仁西溪湿地设计中的动景再框与倾斜诗意［J］．时代建筑，2012（4）：138-145.）

观法，该建筑是对中国古典园林建筑的一种现代化解读，体现了取景对于建筑的重要作用。

## 5　结语

建筑的“如画”观法模式，共存于中西方古典园林中。西方从英国人蒲柏的“园林即挂起来的风景画”，到奈特的“建筑的如画位置经营”，再到赖特的“流水别墅”，将“如画”很清晰地进行了界定：人—景分离的视角，建筑如画的景观。

建筑的“入画”的模式恰恰与其相反。王澍在做滕头馆时曾说：“内外空间的身心关联至关重要，没有内部，外部只是空洞的外壳”[13]。将“入画”很清晰地进行了界定：人—景互成的视角，建筑入画的景观。

西方园林存在“如画”的观法模式，中国园林同时具有“如画”与“入画”两种观法模式，是两种观法模式的统一。能否“入画”，正是二者的分水岭。也许以“如画”审美去分析、评价中国园林或者以“入画”审美去分析、评价西方园林都是片面的，毕竟中西方具有不同的文化背景和审美标准。对于中西方园林总会有人比较其高下，视胜出者为正统，然笔者认为，以两种观法模式为代表的中西方园林发展至今，已经不是一套标准就可以公正评判的了。对于西方园林，我们中国人不能完全否定，因为它们主要是为西方人服务的，但绝不应大肆吹嘘其世界性的神坛地位。希望中国造园师们能够不盲从西方的“如画”理论，应该理性地回归到中国传统的“如画”与“入画”两者兼顾的传统观法模式，中国园林主要还是为中国人服务的。

## 参考文献

[1] 管少平，朱钟炎．两种如画美学观念与园林［J］．建筑学报，2016（4）：65-71．

[2] 顾凯．中国园林中“如画”欣赏与营造的历史发展及形式关注——兼评《两种如画美学观念与园林》［J］．建筑学报，2016（9）：57-61．

[3] 潘莹，施瑛．英国自然风致园——从布里奇曼到布朗（上）［J］．华中建筑，2009（9）：9-12．

[4] 董豫赣．天堂与乐园［M］．北京：中国建筑工业出版社，2015：38-45．

[5] 郑小东，丁宁．从布景到事件——记英国园林中的点景建筑［J］．风景园林，2015（12）：28-34．

[6] 陈春红，王蔚．中国传统园林与英国自然风景园中建筑的差异与环境意境［J］．中国园林，2006（12）：66-68．

[7] 布鲁诺·赛维．现代建筑语言［M］．席云平，王红译．北京：中国建筑工业出版社，1986．

[8] 刘家麒．风景园林师眼中的跌水别墅［J］．风景园林．2009（3）：79-84．

[9] 张彦远．历史名画记［M］//何志明，潘运告编著．唐五代画论．长沙：湖南美术出版社，1997：184．

[10] 李倍雷．中国山水画与欧洲风景画比较［M］．北京：荣宝斋出版社，2006：6-7．

[11]（明）计成著．园冶注释［M］．陈植注释．第二版．北京：中国建筑工业出版社，1997：21-222．

[12] 钟宏亮．建筑观景器——王维仁西溪湿地设计中的动景再框与倾斜诗意［J］．时代建筑，2012（4）：138-145．

[13] 王澍．剖面的视野——宁波滕头案例馆［J］．建筑学报，2010（5）：128-131．

# 第十四讲
# 中国古典园林现代转译的理论与方法

## 十七、中国古典园林应该如此的观法

（原文载于《南方建筑》，2017年第3期，作者：田芃，王晓炎，田朝阳）

本文要义："观法"是一种认知的方式，其中潜藏的是思维方式。现代"观法"中，园林被视为山、水、植物、建筑四个自明要素组成的无整体目标的体系。本文试图依据王澍的"观想"心智，重返传统语境，复建以"意境"为整体诗意目标，以"景"、"环境"、"路径"和"造景手法"四个互成性的构成要素为关键词的传统造园"观法"理论体系。将这一"观法"体系的要素——景、环境、路径、造景手法转化为景、置景器、连景器和观景器，并使之模件化，探索中国传统造园的模件化可操作性。

关键词："境"；景；观法；观景器；模件；传统园林

成中英先生在《易学本体论》中说：观，是一种无穷丰富的概念，不能把它等同于任何单一的观察活动，观是视觉的，但我们可以把它等同于看、听、触、尝、闻、情感等所有感觉的自然的统一体，观是一种普遍的、沉思的、创造性的观察。观，从来不是一种简单意义上的看，正如王澍先生说的：看不是一目了然，也不是一系列的"一目了然"，"看"本身包含了认识方式，它是层次性的，其本身首先需要被追究。进而言之，深受现象学与语言学双重影响的结构主义眼中的世界是这样的：对人而言，世界首先不是事物的世界，而是一个结构化的世界，世界的结构性不是客观世界所固有的，而是人类心智的产物，是人脑结构化潜能对外界混沌的一种整理与安排，由此世界上才出现了秩序和意义。王欣说："观"是一种结构性的"看"，它是有文化预设的，观是带有一种强烈的前经验图式的想象、观察、体验与表达[1]。王绍增老师早在2006年的“从画框谈起”一文中，就对东西方园林的观法及观法背后的思维方式的差异提出了深刻的见解[2]。

对古典园林的观法，历来百家争鸣。有童寯先生的“三境论”（疏密得宜，曲折尽致，眼前有景），有孙筱祥大师根据唐王昌龄关于诗的“三境论”（物境、情境、意境）提出的关于古典园林的“三境论”（生境、画境、意境），有董豫赣的“化境论”，更有最近杨锐教授提出的“境”论。可见，关于园林，可以有多种看（观）法。但是，“境”无疑是中国古典园林观法的核心词。

本文试图在中国传统语境中，从中国园林的核心——“境（意境）”出发，以“景”、“境（环境）”、“路径”和“造景手法”为关键要素，对比现代园林观法的山、水、植物、建筑四个关键要素，依据王澍的“观想”心智，寻找中国传统造园背后的“观法”，透过“观法”的原理，揭示“观法”背后的古典园林理论和思维方式，并通过“观法”的模件化，探讨提高中国古典园林基本可操作性的可能性。

## 1 两种园林观法

### 1.1 基于园林组成要素的现代观法

现代园林教科书将园林要素分为山、水、建筑、植物，也有专家增加了鱼虫、动物以及题词、匾额等。自古以来，古今中外的园林确实由以上所述物质要素构成。上述园林要素的划分，是按材料的物理特性或人工与自然特性进行的。

### 1.2 基于园林构成要素的传统观法

计成的《园冶》中，确有建筑、山、铺装等园林组成要素章节的专论，但是，《园冶》还有另一套潜在的园林构成要素分散、隐藏于其中，似乎被现代人忽略了。细细品来，不难发现，包括明代计成的《园冶》在内的古典园林著作中，关于构园的四个关键词或要素包括景、境、路径和造景手法。

景：据冯晋考证[3]，在宋代以前有关园林的文章中“景”字很少见，如在白居易（772～846年）著名的《草堂记》中，“景”字一个也没有出现。在明代造园名著《园冶》中，“景”字出现了24次，占全文8700字的2.8%，可见，“景”是明代造园的核心词。而在陈从周先生的《说园》中，“景”字出现了137次，占全文2万字的6.9%。在陈植先生的《园冶》今译中，景字从原文中的24个增加到了51个，出现率从2.8%增加到3.5%。这说明“景”字的出现频率在当代造园论中比明代增加了一倍以上。中国造园艺术源远流长，有着几千年的历史，然而中国传统造园理论到了近代才得到了系统性的整理与总结。在由近代园林家与建筑家根据现存古代园林和文献资料总结出的中国传统造园理论中，“景”是一个在园林设计及园林观赏中极其重要的概念。在有关古典园林的论著中，对园景及造景手法的分析往往是论述的中心。现代汉语中论述园林而不用景字几乎是不可能的。

境（场地）：《园冶》中的“境”，有两个词义，即精神的“意境”（或“情景”）和物质的“生境”（场地）。后者被计成具体、细化为《相地篇》中的山林地、郊野地等类型。根据“因境成景”、“景以境出”，说明境（场地）是“景”赖以存在的环境，是“景”的容器或背景、环境。

路径：《园冶》没有对路径专辟一章进行论述，但是，关于路径的描述文字很多。“不妨偏径，顿置婉转”，“径缘三益”，“架屋蜿蜒”，“开径逶迤”，“临濠蜿蜒”，“曲折有情”，“曲径绕篱”，“小屋数椽委曲”，“长廊一带回旋”，尤其是“廊者，宜曲宜长者胜。古之曲廊，俱曲尺曲，今予构之曲廊，之子曲者，随形而弯，依势而曲”。计成将“曲”字廊，改成“之”字廊，实为一大创造（廊为带有屋顶的路径）[4]。路径的操作是围绕“景”而进行的。

造景手法：古人总结中国古典园林的造景方法有十八种之多，即借景、对景、框景、夹景、障景、隔景、漏景、藏景、露景、蒙景、引景、分景、添景、题景、影景、色景、香景、天景等[5]。

借景被誉为中国古典园林的核心词汇和造景手法，《园冶》中专辟一章，并细分为远借、近借、仰借、俯借和应时而借。“借景”一词，可追溯至唐代欧阳询（557～641年）所著《艺文类聚》卷三十八的“礼部·上”中的一段话：“园不依山、依水、依古木，全以人力胜，未有可成趣者。其妙在借景而不在造景”[6]。此处的借景是指资借、凭借天然景物，造景是指人工塑造景物。

除借景外，其余手法如框景、漏景、分景、障景等在《园冶》各篇中不乏暗示或明确表述，如框景手法的“窗户虚邻，纳千顷之汪洋，收四时之烂漫”，障景手法的“障锦山屏，列千寻之青翠”，漏景手法的“刹宇隐环窗，仿佛片图小李”，蒙景手法的“移竹当窗”，天景手法的“蓉蓉月色”，声景手法的“夜雨芭蕉”、“晓风杨柳”，等等[4]。

准确地说，这些所谓的造景方法，都是观景的方法或观法，这样理解就可以回避人工造景与天然借景的争论。

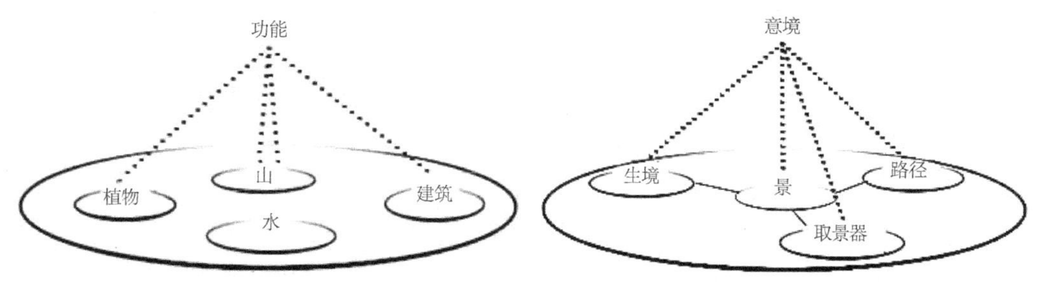


图1　园林的组园要素及自明性——物质的园林——西方景观建筑学

图2　园林的构园要素及媾和关系——精神的意境——中国传统造园

## 2 两种观法的比较

### 2.1 观法概念的严谨性比较

园林现代观法包括山、水、植物、建筑四个要素或动物、鱼虫、题词、匾额等额外要素。要素者，缺一不可之元素也。如果按照上述要素判断，日本的枯山水不是园林；甚至中国古代的江南园林是否为园林也有待论证，因为童寯先生说过：“（中国园林）在那里是建筑物而非植物主宰了景观，并成为人们注意的焦点。园林建筑在中国如此地令人愉快的自由、有趣，即使没有花卉树木，它依然成为园林。”很多现代公园、街头绿地、风景区，因为缺少山、水、建筑等要素之一，不能定义为园林。可见包含上述四要素的现代观法缺乏科学的严谨性。

而园林古人观法的景、境（环境、地）、路径、造景手法四个要素，具有科学的严谨性，古今中外的园林几乎无一例外，都包括这四个要素。

### 2.2 观法要素的互成性比较

董豫赣指出《园冶》具有中国哲学的互成性思维特征，并以《园冶》对山的分类，园山、庭山、楼山、阁山、书房山、池山、内室山、峭壁山等大量案例，说明中国古典园林分类要素的互成性思维[7]。

园林现代观法四要素的植物、建筑、山、水，各个要素均具有自明性，相互之间的有机联系被割断，不利于园林设计的学习和操作。将建筑学、植物学、地质学等学科相互分离，各成体系，园林被各个学科肢解了，其综合性无法体现（图1）。

园林古代观法的景、境、路径、造景手法四要素中，存在着相辅相成的媾和关系。景是核心要素，境是“景”的背景、环境或容器，路径是沟通“景”的连接器，造景手法是对“景”的观赏操作手法，而离开了“景”，境、路径、观景器毫无意义（图2）。

计成在《园冶》明确指出“构园无格”和“得景即是”似乎相互矛盾的说法。“构园无格”，屋宇、相地、铺地、掇山等各要素篇，表面是在谈论建筑、山、水、植物等组成要素的自明性；而“得景即是”，兴造论、园说、借景各篇的核心是在谈景、境（场地）、路径、造景手法等构成元素之间的互成关系，即构园的方法。如“景以境出”、“因境而成”、“得景随形”，讲的就是景与境的媾和关系，“曲径通幽”、“步移景异”讲的是景与路径的媾和关系，“巧于因借”讲的是景与观景器的媾和关系。

童寯前辈提出的“疏密得宜，曲折尽致，眼前有景”，提出了造园境界的三个层次，第一境界“疏密得宜”讲的是景与境（背景）的关系，第二境界“曲折尽致”讲的是景与路径的关系，第三境界“眼前有景”讲的是景与观景器的关系。

### 2.3 观法哲学的思维比较

1983年美国专家Norman K. Booth出版了《Basic Elements of Landscape Architectural Design》(曹礼昆教授翻译为《风景园林设计要素》)一书，成为目前中国各大高校普及的风景园林设计的教材。书中，将园林要素分为地形、植物、建筑物、铺装、园林构筑物、水6个，分别进行设计。虽然，各篇也谈到主体要素与其他要素的关系，但是，缺乏统一各要素的中心词。反映出西方二元论指导下的分解法，缺乏在中心词统领下的综合思维。

计成的《园冶》中，也有建筑、山等所谓要素章节的专论。但是，“景”字作为中心词，将境(背景、环境)、路径、造景手法诸要素统一在一起，反映了中国传统的东方一元论的综合思维。梁从诫在《从百科全书看中西文化比较》中指出，中国传统中的知识结构划分方式与西方而来的现代方式之间，存在着明显的差异：西方是“以自然本身而不是以人作为出发点”，而“中国古典的分类不是按照我们现在所理解的客观事物本身的属性来分的，而是以一种伦理原则来分的”[8]。

有学者等按照西方语言符号学的“字”、“词”、“词组”，将拙政园东南庭院的空间模式归纳提取了“字”9类25个基本图式，“词”9类55个基本图式，组合空间4类17种组合图式[9]。仅仅一个拙政园的角部，就分成了多达97个空间图式。试想，照此思维，现存的上百个园子会有多少图式？各要素组成的图式过于复杂，难以找到规律(模式)，或者模式过多，难以操作。结果是将中国园林肢解了，却难以组合。如此，只讲构图，不讲原理，中国古典园林很难掌握、传承、学习。以建筑空间及图式语言的研究为例，张毓峰抓住了原型和原理，只用了空间单元、空间结构、空间序列，就解决了主要问题，而迪朗的模式太多，没有抓住原型，难以掌握[10]。

田朝阳等以线、形分析的简单方式，提出了复合形，区别了东西方园林空间的本质特征[11]，并以时间设计为原理，仅仅用复合形边界、复合形路径、复合形水面、占角建筑、中心有物五个特征，就画出了中国古典园林的整体构图模式(图3)[12]。

大千世界混沌复杂而又简单清晰，科学家的工作就是使混沌复杂的世界变得简单清晰。事

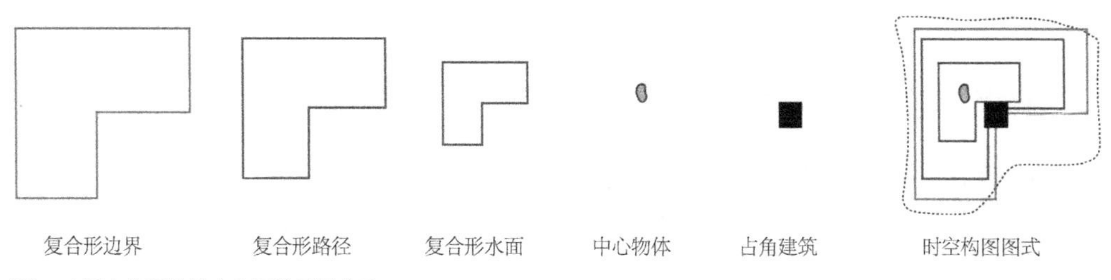


图3 中国古典园林基本空间单元模式图

物的构成、事物的发生发展机制、事物的“来龙去脉”等其实并不如人们想象的那么复杂。它们都可以由一些最简单的道理来解释清楚。只不过人们往往对那些简单的事实熟视无睹，对那些简单的道理不以为然，往往还不善于用简单的方式去思考复杂的事物。事实上，我们还不曾看到过有谁用复杂方式有效地解释了这个世界。例如生物界的分类，仅仅用五类氨基酸组成的基因，就能勾勒出全部纷繁多样的生物种类。

### 2.4 中西观法的心智比较

中国古典园林中关于造景的方法有十八种之多，即借景、对景、框景、夹景、障景、隔景、漏景、藏景、露景、蒙景、引景、分景、添景、题景、影景、色景、香景、天景等。仅就借景（狭义的含义指借园外之景）而言，计成就提出了远借、近借、仰借、俯借和应时而借。而同时代的英国园林的“哈哈”（暗沟和墙垣的结合物）还未出现，视野仅局限于园内，西方人还没有有意识的借景概念。除了“框景”，其余观景方法，少见于园林之中，更未上升到理论高度。

### 2.5 观法追求的境界比较

“中国古典园林的本质是意境”，这话听起来很“老套”，但是它说得很实在。正是为了这个“意境”才有了“景”，为了这个“景”才有了多变的“境（场地）”——“置景器”空间，才有了蜿蜒的“路径”——“连景器”，才有了代表不同观法的造景手法——“观景器”，才有了我们称之为“中国园林”的这个东西。冯纪忠先生根据园林的追求境界，将世界园林发展时期分为形、情、理、神、意五个层面，中国园林到达了“意”的境界，而日本园林、英国园林和法国园林分别停在了“神”、“神”和“形”的层次[13]。正像杨锐在“‘境’与‘境其地’”[14]一文指出的那样，从这个意义上说，中国人的园林史就是一部人类对意境的追求史。

### 2.6 观法思维与传统的对接

我们在研究“园林”这一具有悠久历史的文化传统时，切不可想当然地把现代人的语言、观念强加给古人。山、水、建筑、植物四要素，是受到西方分解法二分思维影响后的现代人（包括受到西方式教育的设计师）对园林的理解；景、境（场地）、路径、造园手法是古代造园师、文人对园林的理解。后者依然遗存于现存的古代园林中，不仅为古代的工匠们耳熟能详，也为现代的人们所熟知，具有广泛的民族基础，是我们传承传统的重要基础和脉络，应该受到业界的重视。

## 3 园林古人观法的现代转换

### 3.1 两种观法的要素转换

古代观法的构园要素的任何一个都可以由现代观法组成要素的任何一个或几个联合构成。比如景可以由山、水、植物、建筑任何一种要素单独构成，也可以由其中两个、三个或四个要素组合而成。以此类推，境（场地）、路径、造园手法也是如此（表1）。

造境与造园两种观法的要素转换表

表 1

| 造境：古代观法的构成要素 | 造园：现代观法的构成要素 |
|---|---|
| 景 | 山石、水、建筑、植物 |
| 境（场地） | 山石、水、建筑、植物 |
| 路径 | 山石、建筑（桥、廊）、铺装植物 |
| 造园手法 | 山石、水、建筑、植物 |

### 3.2 古代观法的文本化转换

根据上述分析，可以看出，古人的园林观法是基于设计学（构园）的角度，按照园林的主要功能——追求“境”进行要素划分的。我们可以将古人的园林观法景、境、路径、造景手法，转化为景、置景器、连景器和观景器。这样，既可避免上述悖论，又可避免各要素的自明性，建立要素之间的互成关系，利于园林设计的学习（表2）。

造境与造园两种观法要素的文本转换

表 2

| 古人的园林观法要素 | 景 | 境（场地） | 路径 | 造景手法 |
|---|---|---|---|---|
| 文本化转换 | 景 | 置景器 | 连景器 | 观景器 |

### 3.3 古代观法的模件化转换

按照“建筑是居住的机器”的说法，各个功能区（卧室、客厅、厨房、卫生间）变为不同的构件。王澍前期的文本式转换和后期象山校区二期建筑等作品的模件化转化倾向正是这一思路的代表（图4、图5）。另外，王欣的“介词园之卷”、“补丁七记”、“54院”的小模件都是这一观法的成功实验，比王澍前期的文本式转换和后期象山校区二期建筑等作品的模件化转化更上一层，完成了对古典园林观法的图解式和模件式转化实验[15, 16]。

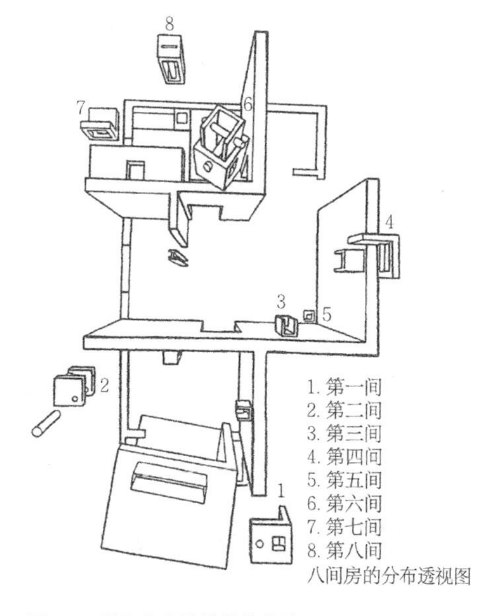


图4 王澍自宅中的模件化实验

按照“园林是观赏的机器”，其要素便可理解为机器的各个构件。观景器可以转变为观法构件，王欣的观器十品就是最好的证明，即框裁三品（仰止、透漏、下察）、洞察四品（递进、分眼、斜刺、磨角）、间夹三品（透视、闪差、留夹）。

图5　王澍的象山校区二期草图中的建筑模件化倾向

### 3.4　造景十八法的模件化转换的可行性分析

其实，王欣的观器十品中已经包含了造景十八法中的一些观法，比如“仰借”、“俯借”、“框景”、“漏景”、“分景”、“障景”等（图6、图7），完成了部分“观法”的模件化实验，有些甚至超出了“十八法”的范围，创造了一些新的观法。因此，古人的十八种造园方法完全有可能转化为园林构件——观景器。我们正在开展这方面的工作。届时，有可能完成从文字说园、图

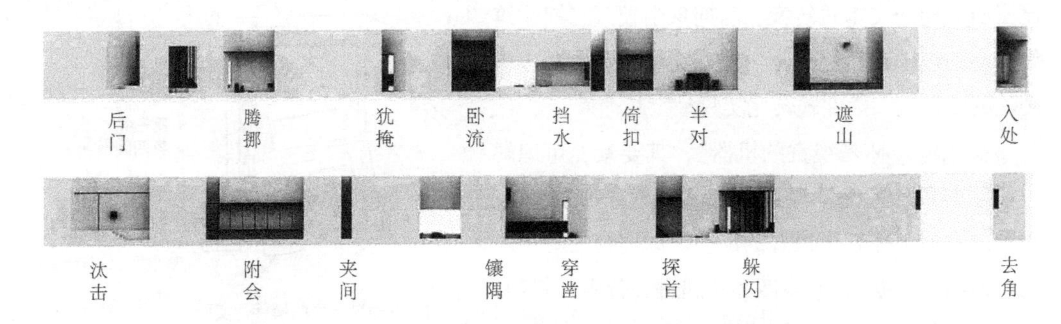


图6　王欣的介词园之卷的模件

纸画园到构件造园的转化，提高古典园林的操作性，利于传承、发展和创新。

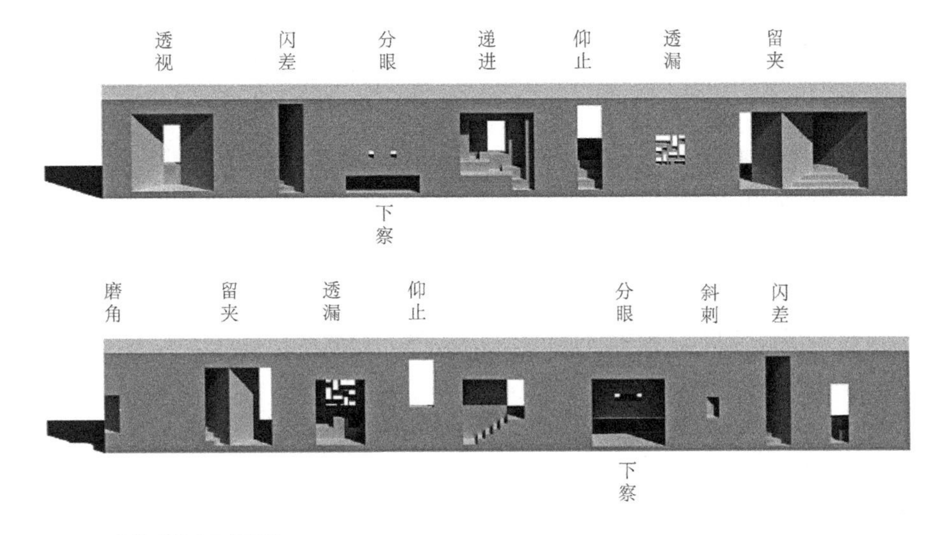


图7 王欣的观器十品的模件

## 4 结语

屈米在《建筑的悖论》中指出“知性空间”（conceived space）——通过智力思考加以认识的空间，与“知觉空间（perceived space）”——通过身体体验来获取知觉的空间——之间的不同，这种差异给人带来缺憾感[17]。当西方方法论作为唯一的“普世真理”占据了诠释中国园林的话语权时，中国古典园林的特质在现代语言的转译中变得片面和表面，那些宝贵的成分——尤其是知觉成分（如意境），遗失在孤立的知性空间理论和简明的图示中。我们面临的情况是：中西两套理论路子的交叉使用带来的表述混乱的窘境——一方面是西方园林理论词不达意，另一方面是传统语境下意义确凿的句子变得含糊不清。

在这样的背景下，如何在当代实践中保持中国古典园林本色以延续其身份象征性？我们能不能超越西方现代建筑学体系支配，基于中国传统文化框架、视觉范式、审美情趣和语境诠释，构建起古典园林的理论，并基于这种理论，构建具有设计可操作性并能够指导当代园林创作的设计方法？

王欣在“模山范水”一文中，基于传统造园语境，创新性地提出：“景”在中国属性的建筑学中的核心地位。传统造园的“景”与西方俗词“景观”无关，“景”是一切设计的源头和中枢，它能保证一种诗意的生活状态。更为重要的是，较之于西方建筑学，它几乎就是我们自己的“几何”。“景”的直白化对应于“模山范水”，它既是目的，也是工具[18]。正是基于这样的思维，才有了《乌有园》一书对设计方法的追寻和《如画观法》一书对形式的探索[19]。至今，风景园林学科仍纠结于本土传统与西方景观构架的魔咒之中。而《乌有园》的作者群则以建筑师为主，他们有着丰富的设计实践经历，并先天绕开了西方景观视角的干扰，直接将目光回望至中国的文人传统，从更纯粹的传统造园、文学、绘画中汲取智慧，他们的研究更了当、更无挂碍，他们也凭着建筑师的本能更关注中国式造园在当代的现实问题。对中国园学研究而言，这是一股令人惊喜的势力。

前人总结的古典园林的造景十八法，也许是原汁原味的中国古典园林思维，属于中国观法和造园手法，其中是否蕴含着古典园林的理论，值得思考。可惜的是，一些重要问题仍然没有解决，比如，十八法确切的范畴如何？有多少个不同版本？是谁总结出的？为何《园冶》没有专论？历史脉络如何？流传方式如何？是否为工匠们的口口相传或私家“秘籍”？为何大百科全书没有收录？为何各个字典解释不一样？是否为中国古人生存的空间智慧的艺术再现？有无自然起源？在中国古典园林心智体系的园论、园理、园法、园式、园技各个层面中的价值和地位如何？如何模件化？在如今不同于古代江南园林的建筑密度很小、以植物为主要空间材料的现代绿地设计中能否表现，如何表现？等等。亟待业界关注。

## 参考文献

[1] 王欣．建筑需要如画的观法［J］．新美术，2013（8）：34-56.
[2] 王绍增．从画框谈起［J］．中国园林，2006，22（1）：36-37.
[3] 冯晋．“景”字意义初探［J］．华中建筑，1997，15（4）：103-105.
[4] 陈植．园冶注释［M］．北京：中国建筑工业出版社，1988.
[5] 王晓俊．风景园林设计［M］．南京：江苏科学技术出版社，2000.
[6] 郭宇焓．借景理法的历史及其深层含义研究［D］．西安：西安建筑科技大学，2012：8-9.
[7] 董豫赣．相反相成——化境八章（四）［J］．时代建筑，2009（1）：106-111.
[8] 梁从诫．从百科全书看中西文化比较［J］．南京农业大学学报，1992，15（1）：20-26.
[9] 王晖，王云才．苏州古典园林典型空间及其图式语言探讨——以拙政园东南庭院为例［J］．风景园林，2015（1）：86-93.
[10] 张毓峰，崔艳．建筑空间形式系统的基本构想［J］．建筑学报，2002（9）：55-57.
[11] 田朝阳，闫一冰，卫红．基于线、形分析的中外园林空间解读［J］．中国园林，2015（1）：94-100.
[12] 陈晶晶，田芃，田朝阳．中国传统园林时间设计的整体空间“法式”初探［J］．风景园林，2015（8）：125-129.
[13] 冯纪忠．人与自然：从比较园林史看建筑发展趋势［J］．中国园林，2010，26（11）：25-30.
[14] 杨锐．论“境”与“境其地”［J］．中国园林，2014，30（6）：5-11.
[15] 金秋野．凝视与一瞥［J］．建筑学报，2014（1）：18-29.
[16] 吴洪德．中国园林的图解式转换——建筑师王欣的园林实践［J］.时代建筑，2007（5）：116-121.
[17] 屈米．建筑的悖论［M］．北京：中国建筑工业出版社，1988.
[18] 童明，董豫赣，葛明等著．园林与建筑［M］．北京：中国建筑工业出版社，2009.
[19] 王宝珍．从方法追寻到形式探索——《乌有园》与《如画观法》书评［J］．建筑学报，2015（12）：111.

# 第十五讲
# 中国古典园林现代转译的作品分析

## 十八、中国古典园林设计手法在商丘夏邑公园规划设计中的应用分析

（原文为专业硕士论文，内容有所压缩，作者：赵天一，导师：田朝阳）

本节要义：本文想传达五个信息，第一，中国传统园林是深受欢迎的；第二，中国传统园林是可以满足现代人需求的；第三，中国传统园林是有法可依的；第四，中国传统园林是可以快速传授和掌握的；第五，中国园林必须实现现代转译，才能更好地满足现代需求。
关键词：一池三岛；空间构图；步移景异；小中见大；眼前有画；如画与入画；现代转译

本文是本校2017届专业硕士研究生赵天一同学的毕业设计论文，因而也是一个纸上园林——乌有园。该论文的外审结果是A和B，答辩成绩为91.7，是70个毕业生中唯一超过90分的论文，说明老师和同学们还是喜欢中国园林的。

在满足功能需求的同时，作者刻意采用了上述我们研究的成果——中国传统园林的各种空间手法，包括时空设计的五种构图模式、小中见大的模式、眼前有画模式和入画模式，做到了理论指导下的设计实践。

该设计作为学生作品，且作者为园艺背景，肯定有不少不足。为了体现原真性，真实反映我们的教学效果，收录本书时，基本未作修改。

限于篇幅，作为一个综合使用上述模式的优秀教学案例，笔者不再进行各类模式的分析，读者可以自己体会。

## 1 项目区位和场地概况

商丘市地处河南省最东部。项目场地位于商丘市夏邑县324省道北部，东临县城主干道孔祖大道，南接北环路，西部和北部为学校和村庄。基地东西长约150m，南北长约320m，总面积约3hm²（图1）。

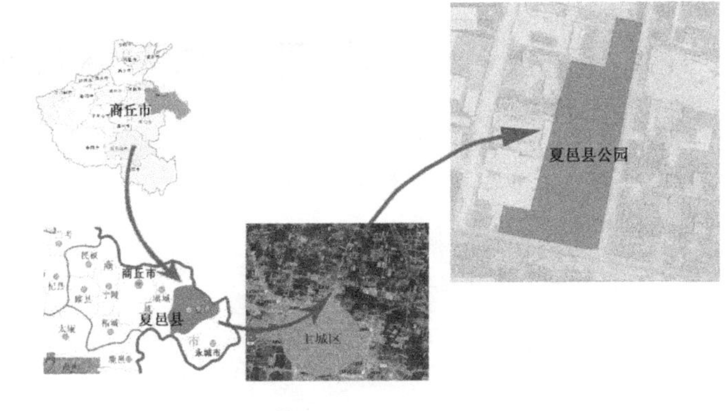

图1 商丘市夏邑县公园区位图

## 2 总体规划

将公园划分为入口活动区、生态绿林区、亲水观景区、阳光草坡区、休闲娱乐区、竹林休憩区、园中园景区共七个功能区。各个功能区各有特色，又在整体上相互融合，不仅满足了作为城市公园的功能需求，又凸显了中国园林的空间手法（图2～图4）。

图2 总平面图

图3　鸟瞰图

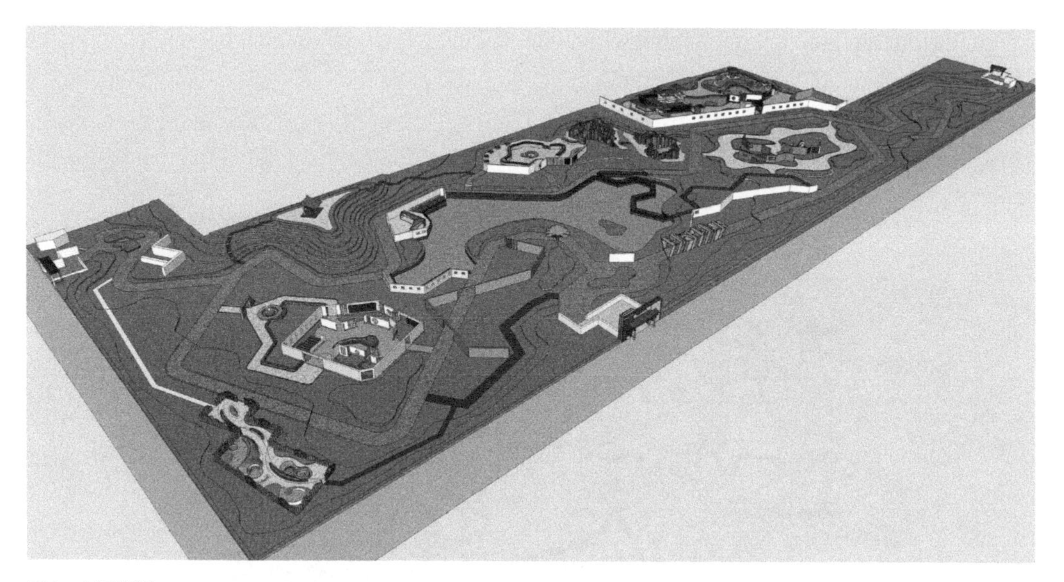

图4　空间模型

## 2.1 功能分区

见图5。

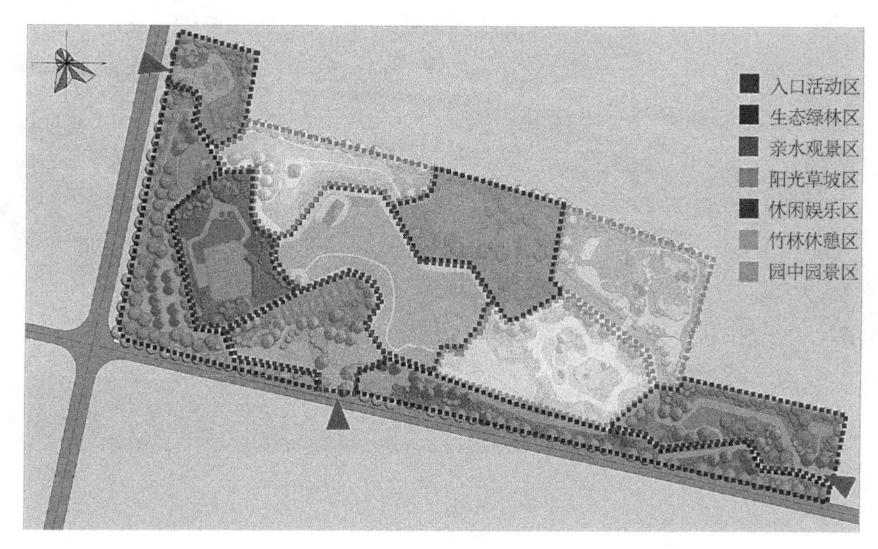


图5 功能分区图

## 2.2 交通分析

见图6。

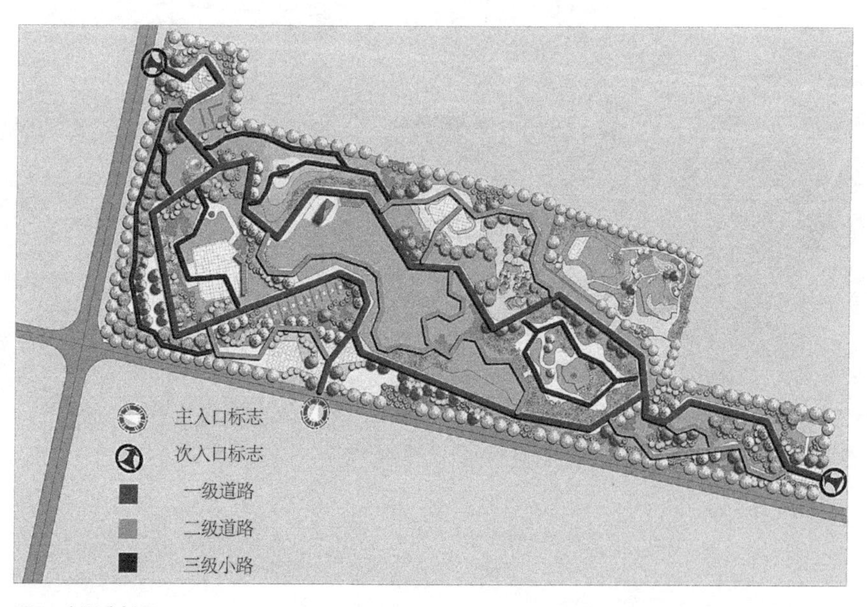


图6 交通分析图

## 2.3 空间、视线分析

见图7、图8。

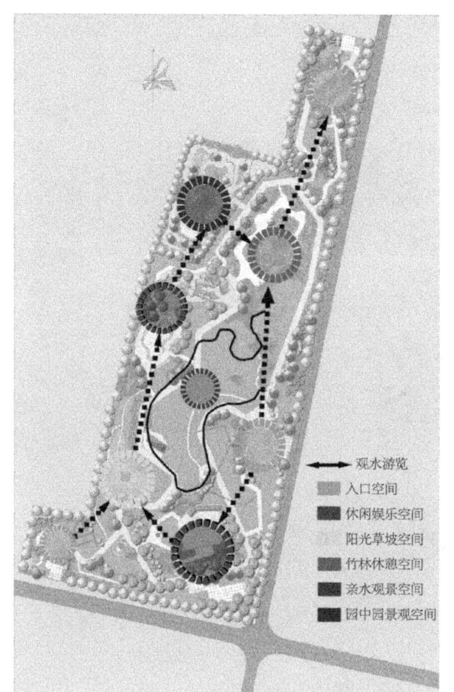


图7 空间分析图

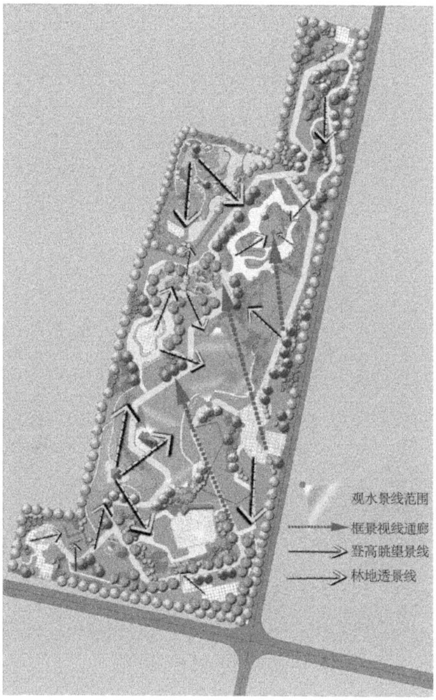

图8 视线分析图

## 2.4 景观结构及节点

见图9、图10。

图9 景观结构分析图

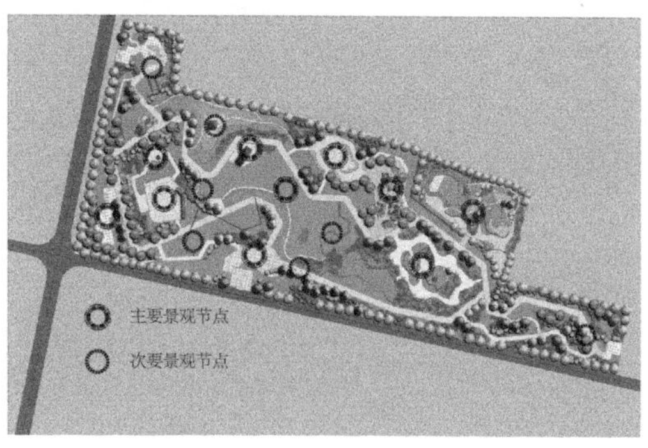


图10 景观节点分析图

## 3　五种构图模式的应用

### 3.1　五种构图在整体布局的应用分析

夏邑县公园在整体构图上满足步移景异的五项原则，即复合形空间、复合路径、池岛结构、中心水面、占角建筑（图11）。

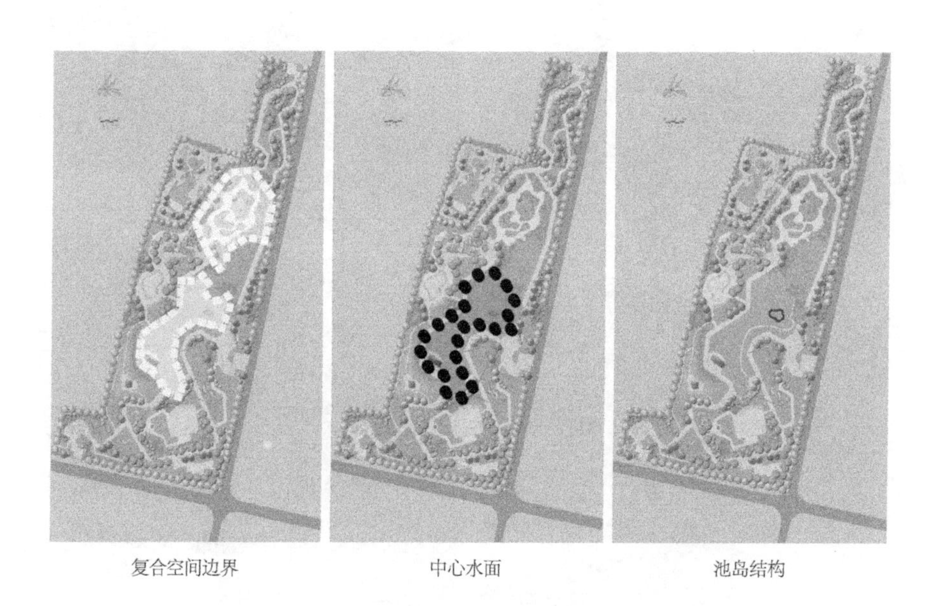

复合空间边界　　中心水面　　池岛结构

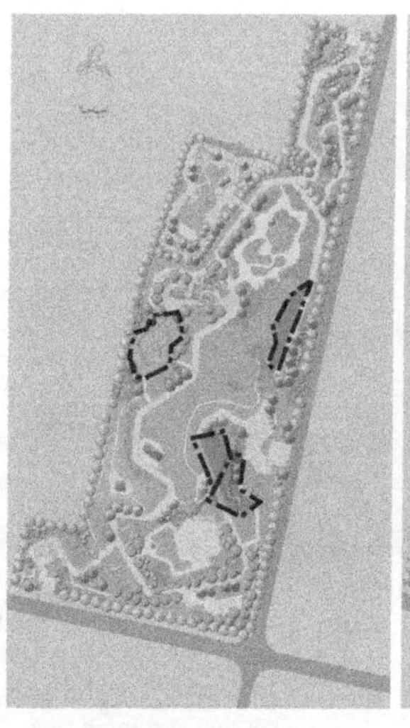

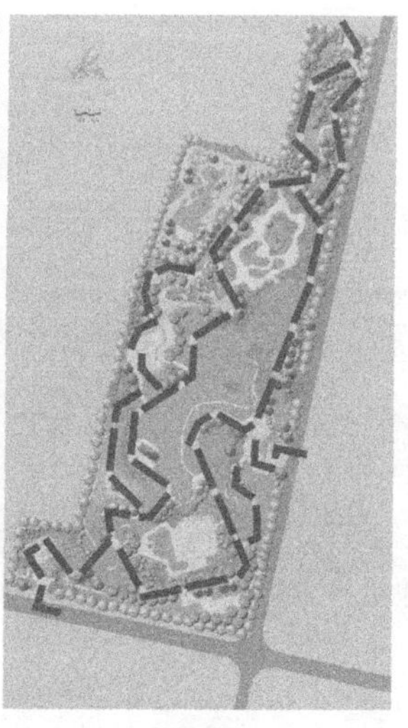

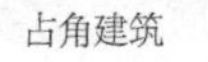

占角建筑　　复合路径

图11　整体的五种构图模式

### 3.2 五种构图在单个园子的应用分析

再大的公园，也要分成不同的功能空间，才能满足不同的需求。在夏邑公园的五个不同功能的空间中，作者有意运用了五种构图模式，如图12～图17所示。

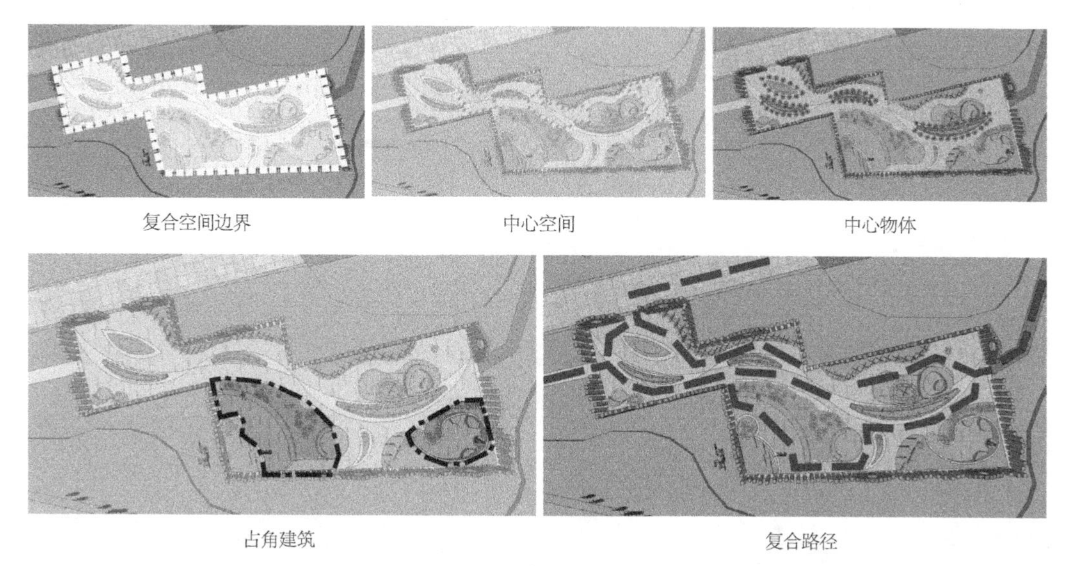


图12 林荫广场的五种构图模式

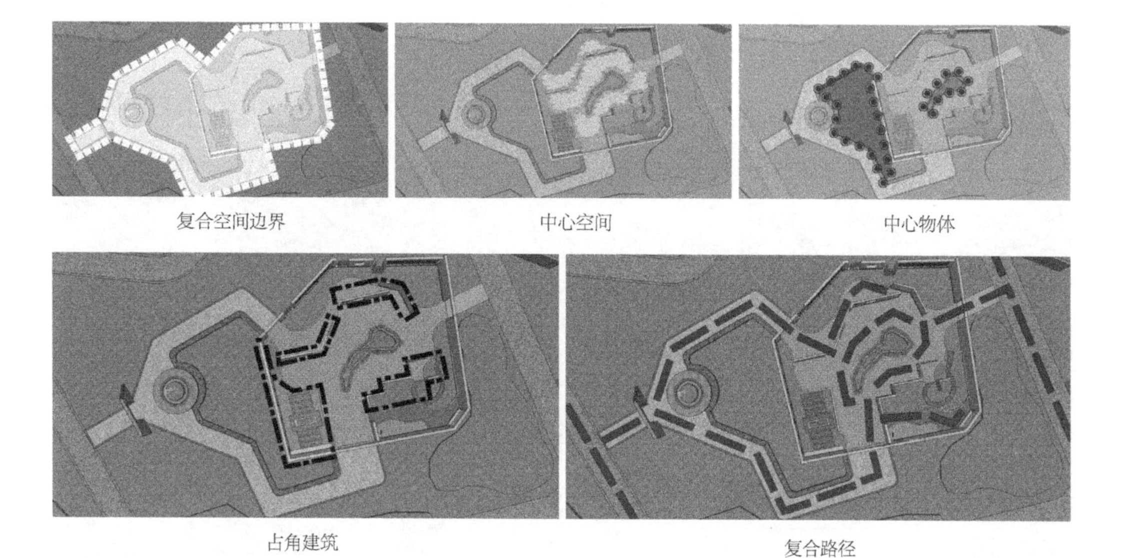


图13 五彩园的五种构图模式

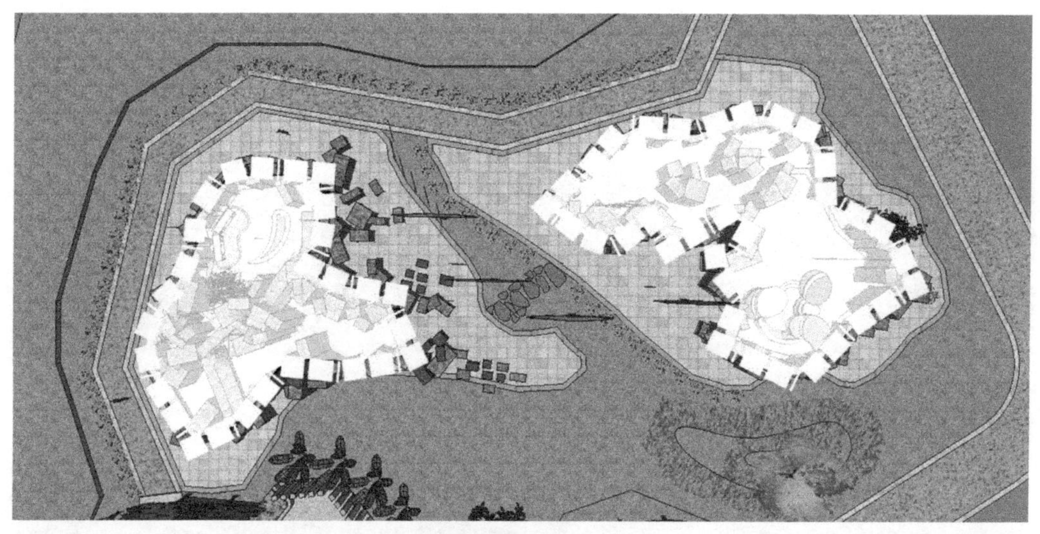

复合空间边界

中心空间　　中心物体　　复合路径

图14　石林园的四种构图模式

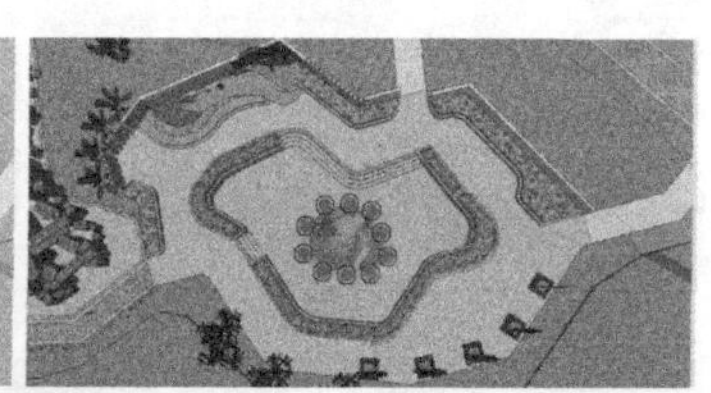

复合空间边界　　中心空间　　中心物体

占角建筑　　复合路径

图15　下沉广场的五种构图模式

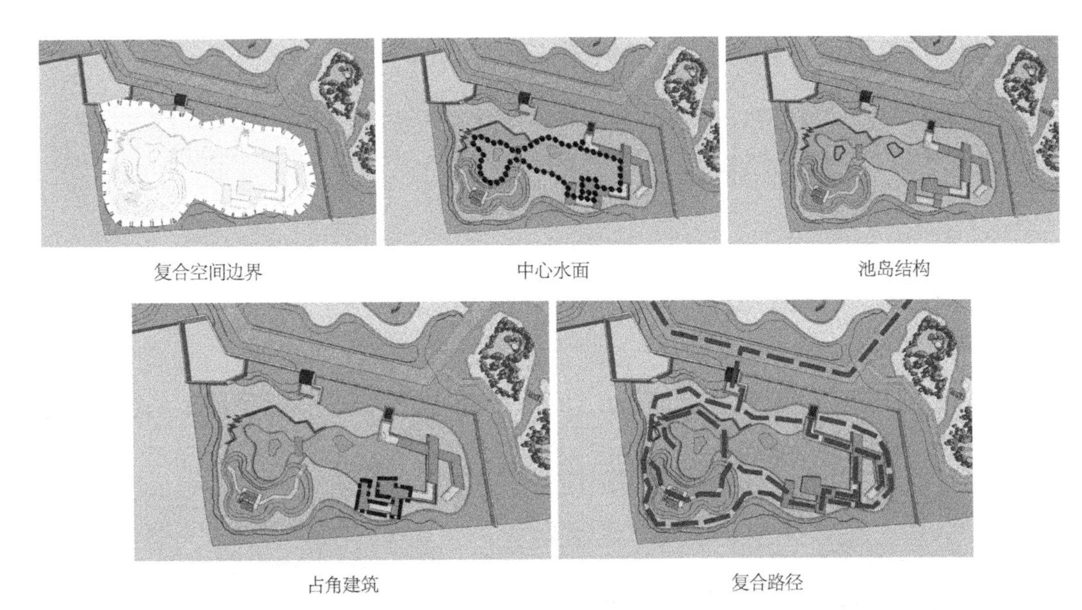


图16　园中园的五种构图模式

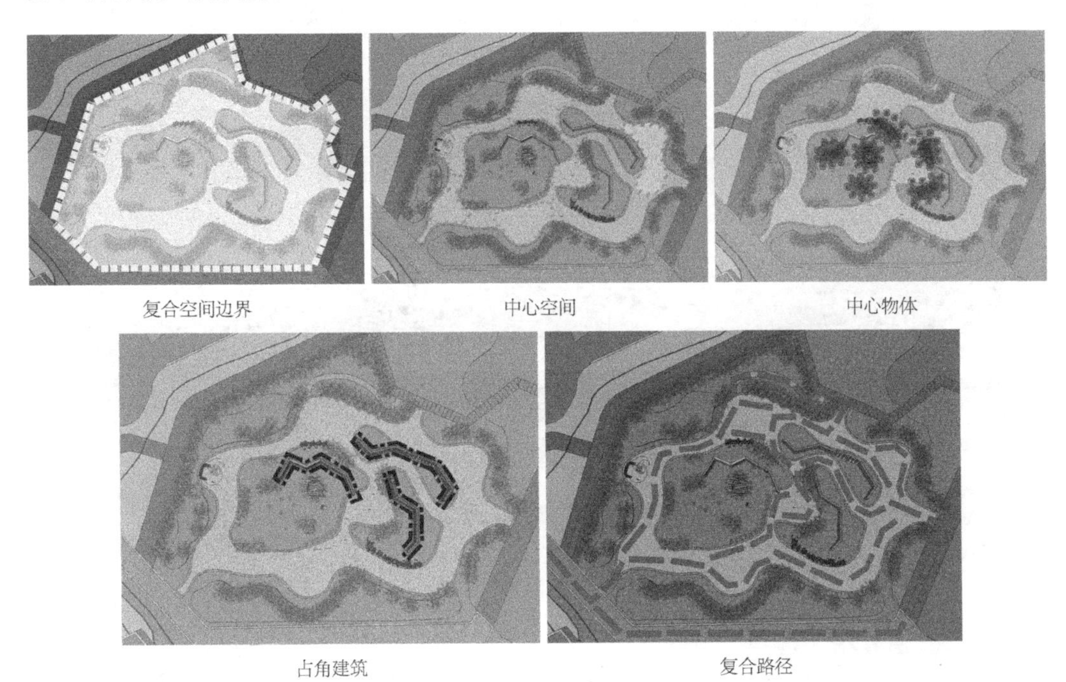


图17　竹林园的五种构图模式

## 4　主要分区及景观节点设计——传统园林造景手法的应用

限于篇幅以及本文的重点在于中国传统园林的各类空间模式及造景手法，仅对重要园子和节点进行分析，希望读者自己细细品味。

### 4.1　入口景观

在大门的样式选择上，并没有照搬古典园林的大门，而是采用了现代造型、材料、色彩，但是着重营造了入口空间感受。采用了中国园林式的入口，不再是以往的大广场，以及直线、轴线模式（图18、图19）。

图18　主入口

图19　次入口

### 4.2 林荫广场

林荫广场的整体设计摒弃了传统的树阵形式。首先，采用高低不同的木桩围合成复合形边界，为游人营造出一个相对安静的休息空间。同时，巧妙地在每节木桩之间留有宽度不同的缝隙和大小不同的空洞，类似框景，使游人依稀看见周边的景色，起到小中见大的作用。其次，设计了流线型花池将整体空间一分为二，区分出休憩空间与活动空间。同时，其优雅的曲线弧度对园区进行了适当遮挡，类似障景的效果，使园内空间不至于一览无余，同样起到小中见大的效果。最后，木质的休息座椅与林荫广场的整体环境相协调，并与草坡相结合，草坡的围合也使休憩空间具备了私密性，草坡遮挡部分地面，起到小中见大的效果。游人虽是坐在椅子上，却仿佛倚靠着美丽的草坡，使其最大限度地亲近了自然。草坡上还栽植有遮阴的乔木，营造荫凉的林下空间（图20～图24）。

图20　林荫广场鸟瞰图

图21　林荫广场（一）

图22　林荫广场（二）

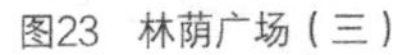

图23　林荫广场（三）

图24　林荫广场（四）

### 4.3　五彩园

五彩园有五面开有窗洞、门洞的墙将空间围合，每一面墙都赋予不同颜色，彩石墙、红粉墙、清湛墙、暖黄墙、水绿墙，即“五彩园”。入口处以一面景墙形成框景，景框内是象征生机的抽象雕塑，用翠绿色的竹子作雕塑背景，不仅遮挡了后面的景物，创造了神秘感，又重点凸显了雕塑本身。五彩园内供游人休息的空间，用竹子、景墙进行分割，营造一定的私密性。沿着曲折有致的道路继续前行，大量的框景、漏景使空间层次丰富多样，框内的特色景观使每一个景框都好似一幅画。为了不使园内景观一览无余，故设计了交替出现的景框，形成层层框景，模糊游人的距离感。在三个入口处均用景墙进行了适当的遮挡，使游人仅能看见部分景观，并且无法看到其他出口，实现了“小中见大”（图25～图34）。

图25　五彩园鸟瞰

图26　五彩园入口

图27　五彩园（一）

图28　五彩园（二）

图29　五彩园（三）

图30　五彩园（四）

图31　五彩园（五）

图32　五彩园（六）

图33　五彩园（七）

图34　五彩园（八）

## 4.4　石林园

石林园是对古典园林中假山的现代化转换的实验性探索。假山一直是古典园林的一个经典景观，人们对假山的喜爱也延续至今。在很多现代园林中，也依旧可以看见假山，但更多的只是对古典园林中假山的照搬。笔者认为，古典园林中假山的空间氛围——山居，是我们应该传承的山林意境。在石林园的设计中，用可以拼接的现代材料取代湖石假山，在外形上营造出山洞、山脚、山峰，使其具备了山体的形状，并栽植有茂盛的植物，营造出"山居赋"的氛围。

在内部营造空间，使人可以进入，实现可行、可望、可居、可游。游人穿过石林间的缝隙，瞬间豁然开朗，呈现在眼前的是一个休息空间，人们可以在此喝茶、聊天、打牌，可谓是别有洞天。石林园分为两个部分，以一条石板路连接，这两个部分虽然材质、颜色一样，使人容易迷惑，却拥有不同的内部结构及外形，不会造成景观的重复、单调。复合形的空间边界、复杂的路径、框景、框景错位、遮挡地面、眼前有画等传统手法得到了完美的现代转译（图35～图41）。

图35　石林园鸟瞰

图36　石林园（一）

图37　石林园（二）

图38　石林园（三）

图39　石林园（四）

图40　石林园（五）

图41　石林园（六）

### 4.5　下沉广场

下沉广场是一个供游人活动的场所，人们可以在此玩耍、跳舞、做运动。周边以开有窗洞、门洞的墙体围合，广场外的游人会透过景框看见园内的景色，进而被吸引。而广场内的游人能透过景框看见外面的景观，形成大量框景。下沉广场内的休闲座椅以绿色植物围合，营造出亲近自然的氛围。

为了营造广场的活跃氛围，在植物上选择了色彩艳丽的品种，使人们一进入广场，就自然而然地充满活力。在铺装上增加了色彩的种类，比如，每一级台阶都采用了不同颜色的铺装，不仅美化了广场，还增加了趣味性（图42～图46）。

图42　下沉广场鸟瞰

图43　下沉广场（一）

图44　下沉广场（二）

图45　下沉广场（三）

图46　下沉广场（四）

### 4.6 园中园

园中园是一个独具江南园林空间特色的小园，园内的主要建筑为观景亭、观景廊。然而，这两类建筑却不再照搬古典园林中的亭、廊，而是采用了现代的造型和材质。其中，观景亭以木质屋顶和石材立柱为主要材质，搭配以透明玻璃天窗，增加亭内采光。观景廊在造型上由两个相互交错的廊组成，围绕水面，为游人提供了良好的休息和观景空间，材质上同样以木质屋顶和石材立柱为主。观景廊内同样具有大量廊柱，划分空间，同时，将部分墙面开以窗洞，形成框景。

园中园内还设有用绿篱和墙体形成的景观墙，巧妙划分空间，不仅避免了一览无余，又形成框景，增加了游览的趣味性。园内水面虽然不大，却同样规划了小岛，岛上种植竹子，竹叶茂密，起到了遮挡视线的作用。园内郁郁葱葱、绿草如茵、花色迷人（图47～图56）。

图47　园中园鸟瞰

图48　园中园（一）

图49　园中园（二）

图50　园中园（三）

图51　园中园（四）

图52　园中园（五）

图53　园中园（六）

图54　园中园（七）

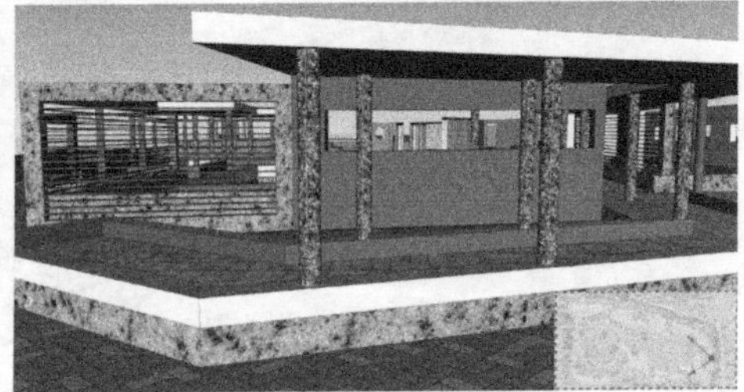
图55　园中园（八）

图56　园中园（九）

### 4.7 翠竹园

顾名思义，“翠竹园”是以竹子为主要植物围合而成的园子。园内翠竹亭亭玉立，竹叶郁郁葱葱。翠竹园竹子划分整体空间，形成供游人休憩的角落、可曲折穿越的竹林和观景的场所。翠竹园的主要景观为中心草坪处的景观小品，搭配开有各式各样窗洞的绿篱墙，不仅形成了景观小品的背景，又使游人透过窗洞窥见别处景观，空间的流动性不言而喻。翠竹园内搭配种植了几棵桃树，在翠绿色竹林的衬托下更加娇艳欲滴，点缀了整体景观（图57～图63）。

图57 翠竹园鸟瞰

图58 翠竹园（一）

图59 翠竹园（二）

图60　翠竹园（三）

图61　翠竹园（四）

图62　翠竹园（五）

图63　翠竹园（六）

# 后记

全书共分15讲，18节。回想起来，这些章节源于作者教书与读书过程相结合的思考结果，其思想均有各自的源起。总结如下，作为本书的后记，也许对读者具有启发意义。

第一节，主要源自作者在评图或评标时的感受，尤其是在考研试卷的快速评阅定分过程中，在满足场地和功能要求的前提下，不同的同学试卷会出现不同的构图形式，不同的老师对于定分的标准竟大相径庭。有些老师喜欢直线、轴线、几何形，有些老师截然相反。似乎评图没有标准。正像董豫赣老师所说，老师必须有明确的判断及判断的标准。

第二节，主要源于王绍增老师关于“图面设计法与时空设计法”等文章对中西方设计方法的对比分析。

第三节，主要源于朱建宁老师“中国古典园林的现代意义”一文及对中国传统园林的六点警示。该文在《中国园林》杂志的下载量名列前5（截至2016年5月1日），是关于中国传统园林的权威文章。

第四节，主要源自王绍增先生的系列文章“论中西传统园林的不同设计方法：图面设计与时空设计”，“从画框谈起”，“论《园冶》的‘入境式’设计、写作与解读方法”等。

第五节，主要源自马克·特雷布的《现代景观：一次批判性的回顾》一书。

第六节，主要源自布鲁诺·赛维的《现代建筑语言》一书。

第七节，主要源自美国宾夕法尼亚大学前建筑学院院长、教授戴维·莱瑟巴罗（David Leatherbarrow）在同济大学的讲座——“蜿蜒的法则”。

第八节，主要源自计成的《园冶》、张永和的“坠入空间——寻找不可画的建筑”、赵辰的《立面的误会》、王澍的“剖面的视野”等书及文章。

第九节，主要源自计成的《园冶》、威廉·贺加斯的《美的分析》和约翰·西蒙兹的《景观设计学——场地规划设计手册》。

第十节，主要源自李雄教授的博士论文“园林植物景观的空间意象与结构解析研究”、和Tom Tuner的《世界园林史》。

第十一节，主要源于王绍增先生“论《园冶》的‘入境式’设计、写作与解读方法”，“论中西传统园林的不同设计方法：图面设计与时空设计”，董豫赣的“触类旁通化境八章（六）”，凯文·林奇的《城市意象》，《博尔赫斯全集·散文卷（下）》“时间”，以及王贵祥的《东西方建筑空间》。

第十二节，主要源自冯仕达的“留园‘非透视’效果”，金柏苓先生的“中国式园林的观念与创造系列论文之五——小中见大、得意忘象”和杨玲、王中德的《空间与意境的扩张——中国古典园林中的以小见大》。

第十三节，主要源自冯仕达的“留园‘非透视’效果”和王向荣老师的展园作品。

第十四节，主要源自冯仕达的“留园‘非透视’效果”和董豫赣老师的红砖美术馆。

第十五节，主要源自童寯先生的《江南园林志》和周宏俊的《两种如画美学观念与园林》，顾凯的“中国园林中的‘如画’欣赏与营造的历史发展及形式关注”以及顾凯的“画意原则的确立与晚明造园的转折”等文章。

第十六节，主要源自董豫赣的《天堂与乐园》，刘家麒先生的《风景园林师眼中的跌水别墅》，郑小东、丁宁的《从布景到事件——记英国园林中的点景建筑》以及第二十一节的文献。

第十七节，主要源自王欣的“建筑需要如画的观法”，王绍增先生的“从画框谈起”，王澍的“自然形态的叙事与几何——宁波博物馆创作笔记”，孙筱祥先生的“生境，画境，意境——文人写意山水园林的艺术境界及其表现手法”，杨锐的“论‘境’与‘境其地’”以及董豫赣的化境八章系列文章之一、四。

第十八节，主要源自作者的一位研究生的毕业设计实践。

**图书在版编目（CIP）数据**

中国古典园林与现代转译十五讲／田朝阳等著．—北京：中国建筑工业出版社，2017.11

ISBN 978-7-112-21373-3

Ⅰ．①中…　Ⅱ．①田…　Ⅲ．①古典园林－园林设计－中国－文集　Ⅳ．①TU986.62-53

中国版本图书馆CIP数据核字（2017）第256556号

责任编辑：张　建　焦　扬
书籍设计：张悟静
责任校对：王　瑞　焦　乐

**中国古典园林与现代转译十五讲**
**田朝阳　等著**

*

中国建筑工业出版社出版、发行（北京海淀三里河路9号）
各地新华书店、建筑书店经销
北京锋尚制版有限公司制版
北京建筑工业印刷厂印刷

*

开本：787×960毫米　1/16　印张：13¾　字数：286千字
2018年1月第一版　2020年8月第二次印刷
定价：58.00元

ISBN 978－7－112－21373－3
（31086）